黑龙江省第十届优秀图书一等奖

普通高等学校"十一五"国家级重点图书

国防科工委"十一五"重点图书

地下空间工程系列丛书

城市地下空间建筑

耿永常　赵晓红　编　著

哈尔滨工业大学出版社

内 容 简 介

本书是城市地下空间建筑规划与设计理论方面的著作。主要包括地下空间建筑的历史与发展,地下街、地下车库、地下铁道、地下民用建筑、地下防护建筑、地下综合体等内容,还对一些特种地下空间工程的管线综合廊道、油、气、热、能、电站等分项工程的开发利用,进行了介绍。书中结合大量国内外实例,研究了地下空间建筑设计的一般原理、方法与技术,并探讨了其空间组合规律,收录了近年国内外最新的研究成果。

本书可作为高等学校土木工程、规划建筑专业的教材,也可作为该学科领域的工程技术人员的阅读参考用书。

图书在版编目(CIP)数据

城市地下空间建筑/耿永常,赵晓红编著.2 版. —哈尔滨:
哈尔滨工业大学出版社,2013.11(2014.6 重印)
ISBN 978-7-5603-1670-3

Ⅰ.①城… Ⅱ.①耿… ②赵… Ⅲ.①城市规划-地下建筑物
②地下建筑物-建筑设计 Ⅳ.TU984.11

中国版本图书馆 CIP 数据核字(2013)第 269877 号

责任编辑 贾学斌
封面设计 卞秉利
出版发行 哈尔滨工业大学出版社
社　　址 哈尔滨市南岗区复华四道街 10 号　邮编150006
传　　真 0451-86414749
网　　址 http://hitpress.hit.edu.cn
印　　刷 肇东粮食印刷厂
开　　本 787mm×960mm 1/16 印张15 字数 320 千字
版　　次 2001 年 11 月第 1 版 2013 年 11 月第 2 版
　　　　　2014 年 6 月第 4 次印刷
书　　号 ISBN 978-7-5603-1670-3
定　　价 25.00 元

开发城市地下空间，可节约宝贵的土地资源，保护自然生态环境，提高城市集约化程度，对战争及地震灾害的防护等具有十分突出的优越性，有利于城市的可持续性发展。

21世纪必将是城市地下空间建筑蓬勃发展的世纪，对地下空间领域的研究与开发，具有极其重要的意义。

中国工程院院士王光远题词

前　言

　　地下空间建筑——自人类产生就成为人类避风雨、防野兽的最早居所,在伴随人类社会的发展中走过了漫长的历史阶段。从原始社会的穴居、奴隶社会的水道、封建社会的陵墓与石窟、工业革命时期的地下电站与地铁、20世纪战争年代的掩体与工事,到现代社会的地下街与综合体,说明地下空间的发展将是21世纪城市发展的主题。现代社会城市已变得十分拥挤,土地不断被占用,空气污染在加剧,生态环境遭到破坏,以及战争与自然灾害等,这一切都构成了对人类自身生存的威胁。城市地面空间及上空被高层建筑和高架路挤占,给自然环境带来很大影响,开发地下空间将是城市可持续发展、解决城市土地紧缺的有效途径。

　　城市地下空间资源的开发利用,可保护现有耕地不被破坏,有利于减少环境污染,提高城市化水平,城市地下建筑对抗震减灾又是最好的建筑类型。可见,开发地下空间具有诸多优越性。我国城市地下空间开发起步于20世纪60年代的人防工程,其主导思想是以防战争空袭为目的。当时尚未认识到地下空间与城市用地及平时利用的关系,因而有相当多的工程没有同城市建设相结合。随着社会的发展与进步及城市集约化程度的不断提高,地下空间开发的意义已被人们所认识,之后的20多年,全国大中城市先后结合城市改造开发利用原有的"人防工程",有序地开发地下空间,形成了地下商业街、停车场、地下铁道、交通隧道及大型地下综合体,并结合城市广场,修建了绿地、下沉式广场等设施。

　　我国于1997年颁布了《城市地下空间开发利用管理规定》,这是我国城市地下空间规划、建设、管理方面的第一部法规性文件,标志着我国城市地下空间开发利用进入了一个崭新的阶段。

　　纵观发达国家城市发展的历史,城市地下空间开发首先是结合城市交通的改造而开始的,主要有地下铁道、隧道与步行道系统。在交通改造的同时,还应进行综合管线廊道的改造。随之而来的,时速600 km的地下飞行器将首先把东京和大阪连接起来,连接俄罗斯与日本穿越日本海的50 km海底隧道,将法国里昂和意大意大利米兰连接起来的穿越阿尔卑斯山脉隧道及深层超大型城市地下综合体正在进行扩展。我国有近 20 多个城市正在建设和筹建地铁,这将使我国迎来大规模建设地铁的年代。

19 世纪是"桥"的世纪,20 世纪是"高层建筑"的世纪,科学家预言,21 世纪是"地下空间"的世纪,21 世纪末将有 1/3 的人口穴居地下。城市建设"向地下索取空间"是城市可持续发展的必由之路。

为了推动我国城市地下空间工程的进展,培养建筑与土木工程学科的具有综合技能的高级专业技术人才,特撰写了本书。本书是笔者 20 多年来从事地下建筑领域教学、科研和设计的总结,吸收了该领域国内外知名专家学者的最新见解、观点与研究成果。

本书在撰写过程中,得益于清华大学童林旭教授所著的《地下建筑学》,同济大学陈立道、朱雪岩编著的《城市地下空间规划理论与实践》,中国人民解放军理工大学王文卿教授编著的《城市地下空间规划与设计》,这些著作对本书的编写给予了莫大的启迪和帮助。老一辈建筑学家对城市地下空间的开发给予了充分肯定,并在这一领域作出了突出贡献,使笔者受到莫大的鼓励与鞭策,使本书的内容更加充实与完整,并反映了当前的研究动态。

本书的出版自始至终得到哈尔滨工业大学土木工程学院院长张素梅教授、哈尔滨工业大学副校长欧进萍教授、中国工程院院士王光远教授的热情支持,在此向他们表示感谢。

"城市地下空间建筑学"是一门新兴的前沿学科,涉及了城市规划、建筑空间技术与艺术、环境物理、历史、城市防御与防灾等多个学科,在 21 世纪我国地下空间的开发实践与理论总结中必将得到充实与发展。

由于时间紧迫,书中不妥之处在所难免,恳请各位专家、同行、读者批评指正。

编著者

2012 年 9 月

目 录

第一章 绪 论

第一节 地下空间的涵义及开发的意义

一、地下空间及地下建筑的涵义

从历史上看,建筑物是伴随着人类的起源而出现的。在原始社会,建筑物是人类为了避风雨和防备野兽侵袭而产生的,最初人类的原始建筑就是地下穴居,也可以说地下空间建筑是现代建筑的最原始阶段。在漫长的社会不断进步的过程中,建筑发展到今天这样的模式,它不仅仅是完成最原始的功能,而且赋予了人们在生活、生产、政治、经济、文化、艺术、防灾、减灾、环保、生态、国防安全等方面所需要的众多功能。今天的科学技术日新月异,使建筑和城市也以从未有过的速度和景象在人们的视野中展现,绿色建筑(green architecture)、生态建筑(ecology architecture)、智能建筑(intelligent architecture)、地下建筑(underground architecture)等都是随着社会可持续发展的要求而出现的。

在过去的历史中,人们过分强调为自身的生存而向自然索取,人口的急剧膨胀与战争使地球自然资源迅速减少与破坏,人们赖以生存的母体已向人类发出了严重警告,这样下去的结果最终会使人类自身受损,这一切无不与建筑、与城市有关。今天,重提地下空间建筑的重大意义就是让人们在保护自然生态、保证社会可持续发展方面进行不断探索与努力。

地下空间是相对地上空间而言的,指地球表面以下由天然或掘造形成的地下空间(subsurface space)。例如,石灰岩山体由水冲蚀而形成的天然溶洞,人们对自然资源开采后而留存的矿井及挖掘构筑的各种地下建筑,这些都是地下空间。

地下空间建筑是指在自然形成的溶洞内或由人工挖掘后进行建造的建筑,泛指各种生活、生产、防护的地下建筑物及构筑物(buildings and structures),也可特指某一类型的地下建筑,如交通隧道及国防工程等。构筑物常指那些仅满足使用功能要求而对室内外艺术要求不高的建筑,如各种管沟、矿井、库房、隧道及野战工事等。

开发利用地下空间资源具有下述几个特点:

(1) 为城市规模扩展提供了十分丰富的空间资源,是城市可持续发展的必然途径;

（2）具有良好的密闭性与稳定的温度环境,适宜掩蔽及对环境温度有较高要求的工程,如指挥中心、贮库、精密仪器生产用房等;

（3）节约城市用地,保护农田及环境,节约资源,改善城市交通,减轻城市污染等,如地下交通工程可将废气统一处理而不污染空气;

（4）地下空间建筑有较强的防灾减灾优越性,可有效地防御包括核武器在内的各种武器的杀伤破坏作用,对地震、风、雪等自然灾害及爆炸、火灾等灾害抵御能力较强,如对爆炸、火灾的蔓延控制较容易;

（5）地下空间建筑由于处在岩土中,因此,施工难度大且复杂,一次性投资成本高,但使用寿命长。其封闭的特性对设备要求较高,人们对其适应性较差;

（6）缺点是自然光线不足,与室外环境隔绝,对防水防潮要求较高等。长期居住应选择地下掩土式或窑洞式建筑,全埋式地下空间建筑等适宜工业、国防公共场所、民防、交通与贮库等建筑。

二、城市地下空间开发的意义

现代城市地下空间建筑的出现,一般以 1863 年英国伦敦建成的世界第一条地下铁道为标志,至今已有 138 年的历史。大规模开发利用城市地下空间是近半个世纪才开始的。在 20 世纪上半叶,地下空间建筑常同战争防护相联系;20 世纪 60 年代以后,发达城市的地下空间开发达到空前规模,为缓解城市用地紧张起到了至关重要的作用。

1. 节约耕地

人类的生存依赖于可耕土地,当人类数量达到一定极限后,就会发生生存危机。20 世纪末世界总人口数为 62 亿,可耕地面积为 6.2 亿 hm^2（hm^2 为公顷单位,$1 \ hm^2 = 10^4 m^2$）,而世界总可耕地面积为 15 亿 hm^2,按每公顷耕地可供养 10 人计算,根据人口总数的发展预测,到 2150 年全世界人口可达到 150 亿,需要耕地数将达 15 亿 hm^2,届时可发生世界性的人类生存危机。从我国目前情况看,可耕地面积约为 1 亿 hm^2,2050 年我国人口总数预测为 16 亿,每公顷供养人数为 16 人,要求耕地产粮能力达到 9 600 kg/hm^2（即亩产 6 400 kg）,这是极其困难的。可以说,我国在 2000 年土地平均供养人数 13 人/hm^2,发展到 2050 年间,土地供养人口能力将达到极限。

目前,我国城市建设占用耕地现象有增无减,这样持续下去必然带来我国人口的生存危机,而社会城市化水平的提高和城市用地的扩展又是不可避免的,这就带来生活用地与产粮耕地间的尖锐矛盾,如果不占用耕地,城市用地发展只有两条路可走,即高空或地下。从 20 世纪初至今,城市高层建筑的发展也带来一系列固有矛盾,包括城市环境恶化,空间狭小,城市中心失去了吸引力,居民纷纷迁出,就是所谓逆城市化现象的出现。以高层建筑和高架为标志的城市高空发展是有限度的。许多历史文化名城,如罗马、巴黎、伦敦等,都采取有效措施禁止建设高层建筑,以保护历史传统风貌。城市土地中地下空间资源开发逐渐引起人们的注意,这样就形成地面、高空、地下多方位开发城市的过程,并取得良好效果,地下空间资源开发潜力是十分巨大的。

2.城市地下空间资源广阔

地下空间资源包括三个方面涵义,即天然蕴藏总量;技术条件约束下可供合理开发的蕴藏总量;一定历史时期内的蕴藏总量。根据童林旭教授的研究,以目前的施工技术水平和维持人的生存所花费的代价来分析,地下空间合理开发深度以 2 000 m 为宜,在我国按占国土面积 15%计,可供有效利用的地下空间资源总量接近 11.5×10^{14} m³,表 1.1 列出童林旭教授按不同开发深度计算的可获得的地下空间资源及可提供的建筑面积(以平均层高 3 m 计)。

表 1.1 我国可供有效利用的地下空间资源

开发深度/m	可供有效利用的地下空间/m³	可提供的建筑面积/m²
2 000	11.5×10^{14}	3.83×10^{14}
1 000	5.8×10^{14}	1.93×10^{14}
500	2.9×10^{14}	0.97×10^{14}
100	0.58×10^{14}	0.19×10^{14}
30	0.18×10^{14}	0.06×10^{14}

表 1.1 中说明,以目前的技术水平完全可以开发地下 30 m 以内深度,可提供建筑面积 6 万亿 m²,当 2050 年我国生活空间用地占国土面积的 7.3%时,则这部分土地的面积为 700 亿 m²。假定在这些土地上的平均建筑密度为 30%,平均建筑层数为 4 层,则可容纳的建筑总量为 8 400 亿 m²,说明地下空间资源容量存在巨大潜力。

3.城市地下空间开发利用

城市地下空间建筑如仅从造价去分析,要比地面工程高得多,如土建费用平均为地面工程的 2~4 倍,设备费用为地面工程 1.5~2.1 倍,上述分析不考虑地价计算,如把地价考虑在内,越是在繁华区间的地下工程造价越低,从日本地下街建造的经验看,地下街道造价仅为地面建筑造价的 1/4~1/12,而且繁华区地下空间的使用价值与土地的使用价值基本一致。我国目前商品建筑在售价中基本都包含地价。在关于土地有偿使用的问题中,要对地下空间使用权及有偿使用问题进行研究,其基本原则是浅层地下空间开发利用的使用权费用较低,而次深层地下空间应为无偿使用,这样可充分发挥地下空间的使用价值,促进地下空间的开发利用。

地下空间的开发利用无疑会提高城市的容积率,实践证明,地下空间开发利用程度越高,城市的利用率就越高。日本在 20 世纪 60 年代开发 1 亿 m³,70 年代开发 3 亿 m³,从地下铁道的发展情况看,1964~1972 年的 8 年间新建隧道 862 km,相当于过去 100 年所建隧道的总和。

地下空间作为人类潜在丰富的自然资源,从史前的古人洞穴,到新石器时代的矿业坑道和已存在 600 多年的黄土窑洞；从 18 世纪工业革命产生的地下电站、地下铁道，到各种工业和商业用途的隧道洞室，以及现代城市化开发的地下街、地下综合体，都说明地下空间开发的悠久历史及在现代城市建设发展中所发挥的巨大潜力。

从发展的眼光来预测，虽然世界人口会得到有效的控制，但在相当长的时期内不会出现负增长，人口的增长是绝对的，城市化水平的提高与扩展会延伸到海洋、宇宙近空，与其比较，开发地下浅层空间是较现实的途径。因为城市地下空间就处在城市的地下，距离近且技术有保障，容易同人们生活及生产相协调，而远距离的海洋及近空宇宙城市的开发也只是在地下空间开发已经饱和状态下才可能出现。

地下空间开发深度分为浅层（≤10 m）、次浅层（10～30 m）、次深层（30～100 m）、深层（≥100 m）四个层次。在 30 m 以内的空间开发就具有相当可观的利用率，如北京市建设用地为 483 km²，在次浅层 30 m 以内开发就会获得 19.3 亿 m² 的建筑面积，是北京市现有房屋的 11.4 倍。对不同层次深度的使用功能配置进行研究及规划，次浅层以内地下空间利用大多由交通、共同沟及一些与人们生活生产密切相关的设施所占用，这已经成为各国城市地下空间开发的实际状况。

4. 城市地下空间开发与可持续发展

1987 年世界环境和发展委员会（WCED）提出"可持续发展"的构想，该委员会是由来自 22 个国家的 23 名成员组成，成立于 1984 年。1992 年该委员会在巴西里约热内卢召开了联合国环境和发展会议（UWCED），这次会议有 120 多个国家的首脑及 3 000 个参会者，所讨论的各种议题长达 600 页，包括 2 500 项可持续发展问题。

但目前上仍然存在一些不利于可持续发展的现状：

（1）自 1790 年工业革命开始后人口增加了 6 倍，自 1900 年以来人口增加了 3 倍；

（2）在 20 世纪，全球经济输出已增加了 20 倍，石油化工能源利用增加了 30 倍；

（3）工业生产在 20 世纪增加了 100 倍；

（4）世界上工业化国家 25% 的人口消耗世界资源的 80%；

（5）全球约有 15 亿人得不到纯净水，20 亿人没有卫生设施，300～400 万儿童因缺水引起疾病而死去；

（6）人口的急剧增长和消费的增加已经导致资源大量消耗，不断增加的废物导致环境的进一步恶化；

（7）人类的所有活动都能直接或间接破坏自然界的生态平衡，大气中的臭氧空洞、水体的严重污染、两极冰地的融化、地震、海啸、沙尘暴、气候的改变、土地沙化等现象的频繁出现，都是人类活动的结果。

世界环境和发展委员会把可持续发展定义为一种满足目前需求，而不危及后人选择他们生活方式及满足需求的可能性。

城市地下空间对可持续发展的贡献在于它对环境生态的保护作用。地下隧道可集中解决交通的快捷和安全,解决废气对空气的污染,解决污废水排放与提供清洁水;地下建筑可有效地进行防震与防害,即防灾减灾功能远优于地面,它可减少由灾害带来的损失;可贮存各种物品,如气体、液体、食品、危险品;可大幅度增加各种使用空间,保护地面城市与土地,如法国巴黎利用矿洞作为墓穴以减少公墓所占地,在密尔沃基地下深 91.4 m,长 32.19 km 的空间,设置了 18 亿吨的水处理系统。地下空间开发对社会可持续发展的支持是显而易见的,为此,各个国际组织及我国都相当重视地下空间的开发利用。

日本学者尾岛俊雄提出了在城市地下空间中建立封闭性再循环系统(recycle system),又称为城市“集积回路”(integrated urban circuit)。其主要原理是把气—水—热—能的处理与转换进行再利用,形成一个封闭循环系统。尾岛还针对东京的状况提出在 50~100 m 深处的稳定岩层中建造“新干线共同沟”及东京市大深度地下公用设施复合干线网规划。分析表明,大深度干线网需要很高的投资,但比传统的管线单独埋设要节约 30% 的施工费用,占用的空间体积也比分散埋设小得多。它的最大优越性在于共同性强,管理维护方便,城市生活再循环程序将大大提高,这也是将来发展的必然趋势。

图 1-1 为日本清水公司提出的“大深度地下城市”构想。该方案是以东京皇宫为中心,深度为 50~60 m,直径为 40 km 范围组成一座地下城市。城市组织在 10 km×10 km 的网格中,节点处设一个直径 100 m 的带有天窗的 8 层综合体共 4 万 m² 的建筑面积,每隔 2 km 设一个 3 层

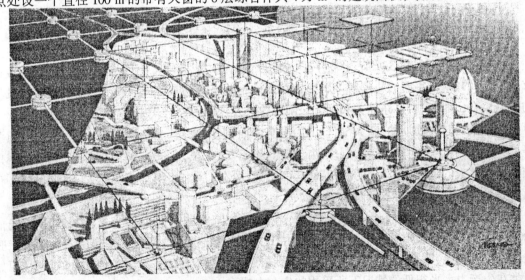

图 1-1 日本东京地区大深度地下城市构想(清水公司)

的直径为 30 m 扁球体公共综合设施,展示了大城市空间立体开发的设想。

我国为了加强地下空间的管理,于 1997 年 11 月颁布了《城市地下空间开发管理规定》。规定中指出城市地下空间规划是城市规划的重要组成部分,是解决"城市病"等一系列问题、实现城市可持续发展的有效途径,是我国城市发展的重要方向。叶如棠在建设部新闻发布会上指出:开发利用地下空间有利于改善生态环境、提高城市总体防灾抗毁能力,有利于保护中华民族的历史文化遗产,防治环境污染,保持生态平衡,改善生态环境,提高城市文明水平。由于利用了地下空间,可以使城市地面环境清洁美观,地面空间景色舒适宜人,提高城市居民的生活质量,有利于人口、经济、社会、资源和环境协调发展。地下建筑具有良好的抗震、防空袭和防化学武器等多种功能,是人们抵御自然灾害和战争危险的重要场所。在城市建设过程中兼顾城市综合防灾,做到未雨绸缪,有利于维护社会稳定。

第二节　城市地下空间的产生和发展

人类对地下空间的利用经过了漫长的历史时期,自有原始人类以来就存在地下空间的利用。回顾地下空间利用的产生、发展的历史,可以使我们认识到地下空间的过去、现在以及将来,都会伴随人类活动一并存在。地下空间在建筑史学上有它特有的演变规律,了解这种规律对于承前启后,推动建筑科学,尤其地下空间开发利用科学的进展是很有必要的。

一、原始社会的地下空间建筑

从原始人类产生到公元前 3000 年,人类初始就利用天然洞穴躲避风雨、抵御野兽。考古发现,距今约 50 万年前的北京周口店中国猿人——北京人所居住的天然山洞,应该说是最早的一处。在山西垣曲、广东韶关和湖北长阳也曾经发现旧石器时代中期"古人"居住的山洞。5万年前旧石器时代晚期的"新人"居住的山洞有广西柳江、来宾、北京周口店、龙骨山的山顶洞等处。山顶洞位于龙骨山东侧,洞口朝向东方,约有 12 m 长,8 m 宽,洞内划分两部分,进洞口较高处是住人的地方,洞深处的低凹部分除曾做住处外,后来还用于埋葬死人。洞东临小河,两岸是他们的狩猎场,河石可做成石器。

古人利用洞穴作为居住生活的场所。在我国黄河流域就挖掘出公元前 8000 ~ 公元前3000 年的洞穴遗址就有 7 000 余处。中国古代文献也有记载,如《易·系辞》谓"上古穴居而野处";《礼记·礼运》谓"昔者先王未有宫室,冬则居营窟,夏则居曾巢"。这种洞穴的利用是原始人类在生产力水平很低的情况下所采用的生存方式。

这种洞穴在日本、法国也发现过,如法国阿尔塞斯竖穴及封德哥姆洞(Font de Game)。封德哥姆洞内还有原始人留下的 123 m 长壁画。另外,还有马来西亚半岛的巢居,苏格兰的蜂巢屋,这些都产生在新旧石器时代(图 1 - 2)。

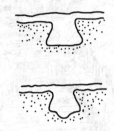

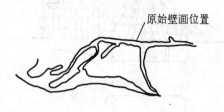

原始壁画位置

(a) 法国阿尔塞斯竖穴,图为新石器时代遗迹的二种剖面,上小下大,其平面略呈圆形,故又称袋穴

(b) 旧石器时代法国封德哥姆洞平面,图中所示有123 m长原始壁画

(c) 马来西亚半岛的巢居

(d) 苏格兰新石器时代的蜂巢屋

图 1 - 2　原始人栖居场所

在我国西安半坡村发掘出的仰韶文化(距今 3 000 ~ 6 000 年)的一处氏族部落遗址,位于浐河东岸台地上,总面积约为 5 万 m²。已发现有四五十座密集排列的住房,其中有一座平面尺寸为 12.5 m × 14 m 的公共活动场所。居住区周围有宽、深各 5 ~ 6 m 的壕沟,沟内外分布着窖穴(仓库),沟外北边为基地,东边为窑场。

半坡村仰韶文化住房有两种形式,一种是方形,一种是圆形。方形多为残穴,这种残穴面积大约为 20 m² 左右,最大的可达 40 多 m²,浅穴深度 50 ~ 80 cm,入口有坡形道,坡向室内,内承重采用 3 ~ 4 根木柱支承,内墙壁为木柱斜撑,屋顶为双坡顶以挡风雨,屋顶或壁体铺草或草泥,室内地面用草、泥土铺平压实(图 1 - 3)。此时的建筑已经学会了利用地形、材料及不断改进技术。河南省的仰韶文化遗址中发现的袋穴,口小底大,上口直径 1.4 ~ 2.0 m,底径 2.4 ~ 2.8 m,有的达4 m。

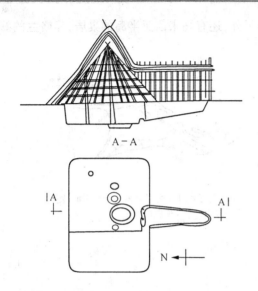

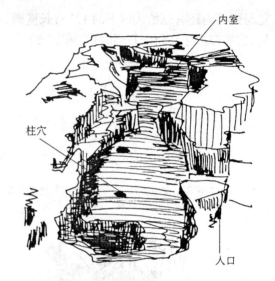

图 1-3　陕西西安半坡村原始半地下穴居　　　图 1-4　陕西长安县客省庄原始社会半地穴住宅遗址

黄河中下游地区进入龙山文化(距今 3 000~4 000 年)父系氏族公社时期的氏族分布更广泛、密集。如陕西长安县客省庄的半地下穴式房(图 1-4),有前后两间不同卧室,呈吕字型平面,中间有门道,外室墙中挖一个小龛作灶,建筑功能上具有分区作用。华阴县横阵村发现的方形半地下穴居房,长宽各约 4 m,深 1 m。陕县庙底沟侧有圆形袋状半地下穴式房,直径 2.7 m,深 1.2 m,内有柱洞一处,周边有向内倾斜的柱洞 10 个,由此推测屋顶可能为圆锥形。河北磁县的商代早期遗址中就发现迄今最早的横穴,山西省夏县的龙山文化遗址中也有十多处横穴(图 1-4),到龙山文化后期,地面建筑逐渐增多,洞穴转而为贮存物品之用。

二、奴隶社会的地下空间建筑

公元前 4000 年以后,随着社会生产力的发展与原始公社的瓦解,在埃及、西亚的两河流域、印度、中国、爱琴海沿岸和美洲的中部出现了世界上最早的奴隶制国家。古埃及是其中最早的国家之一。

古埃及建造的金字塔群是举世闻名的,金字塔内部空间与地下空间通过甬道相连接(图 1-5)。在金字塔的西面与南面还有"玛斯塔巴"群,为早期帝王陵。公元前 2200 年的巴比仑河底隧道,公元前 312~公元前 226 年的罗马地下输水道及贮水池,都是杰出的代表。

中王国时期手工业和商业发展起来,这一时期,已出现了经济意义的城市,新的宗教也形成了,古埃及金字塔基地由于首都迁移至底比斯(Thebes),其艺术构思已经转移了,皇帝们仿效当地贵族的传统,大多在山岩上凿石窟作为陵墓。典型的代表为公元前 2000 年建造的曼都

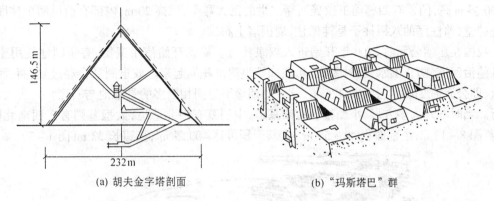

(a) 胡夫金字塔剖面　　　　(b) "玛斯塔巴" 群

图 1 - 5　古埃及的地下空间利用

赫特普三世墓(Mausolevm of Mentu Hotep Ⅲ),地点在戴尔 - 埃尔 - 巴哈利(Deir-el-Bahari),以及在曼都赫特普三世陵墓北边的女皇哈特什帕苏(Hatshepsut,公元前 1525 ~ 公元前 1503 年)与另一个皇帝的陵墓和其他神庙、圣堂。它们都把墓地与悬崖相结合,山崖壁立而高,顶部平平,形体具有明确的几何性,墓地的圣堂都是在崖壁内凿出的,这使它在建筑界很具盛名。

古代埃及自中王国时期迁至南部山区后,陵墓与神庙大多因地制宜、凿岩而成。在贝尼、哈桑附近有石窟墓 39 座。贝尼·哈桑帝王石窟墓(公元前 1900 年)为山崖旁 12 m × 12 m 方型平面,内高 9.14 m,入口有两根石柱,内部有四根石柱,墓室天花呈拱型。

公元前 1250 年,新王朝时期建的阿布辛贝勒·阿蒙神大石窟庙为古埃及石窟建筑中杰出代表(图 1 - 6),该内部地下空间为全部凿岩而成。正面把悬崖凿成像牌楼门的样子,有 40 m

(a)平面图　　　　　　　(b) 立面入口

图 1 - 6　阿布辛贝勒·阿蒙神大石窟庙

宽,30多 m 高,门前有四尊国王拉美西斯二世的巨大雕像,像高 20 m,内部有前后两个柱厅,末端是神堂,前柱厅的八根柱子是神像柱,周围墙上布满壁画。

我国在夏朝公元前 2100 年开始进入奴隶社会。夏朝开始使用铜器,有规则地使用土地,并且整治河道,防止洪水,当时天文、历法知识也逐渐积累起来。奴隶制社会经过夏、商、西周、春秋,即公元前 2100 ~ 公元前 476 年,这一时期地下空间相当多的是墓地与石窟。穴居为奴隶住所。当时墓穴大多方形,小型墓仅有南墓道,中型墓有南北墓道,大型墓则有东西南北四墓道,墓深 8 ~ 13 m;小墓面积 40 ~ 50 m²,大墓面积可达 400 多 m²,墓道长 32 m(图 1 – 7)。

图 1 – 7　河南安阳市后岗殷代四出羡道大墓

三、封建社会的地下空间建筑

春秋时代末期,中国奴隶社会开始向封建社会转变,到公元前 475 年进入战国时代,中国的封建制度逐步确立,因而从春秋到战国是古代中国社会发生巨大变动的时期。

在这一时期,铁工具已经普遍使用,生产力的提高和生产关系的改变,促进了农业和手工业生产的发展,明确了社会分工,商业与城市经济都逐步繁荣起来。由于知识分子学术上的百家争鸣,引起了文化上的空前活跃和发展。在这样的社会背景下,在建筑上的反映是大城市的出现,大规模宫室和高台建筑的兴建。比较完整的大城市遗址有战国时代燕国的下都和赵国的邯郸。

在地下空间应用方面主要有陵墓、粮仓、军用设施、宗教的石窟等。陕西临潼骊山的秦始皇陵东西宽 345 m,南北长 350 m,三层共高 43 m,这是中国历史上最大的陵墓。河南洛阳一带挖掘出的西汉初期的小型墓多采用预制拼装的砖墓,由大型空心砖(1.1 m×0.405 m×0.103 m)向小型砖(0.25 m×0.105m×0.05 m)过渡,顶部用梁式大空心砖。此后不久,墓顶改为二块斜置的空心砖自两侧墓壁支撑中央的水平空心砖,并由此发展为多边形砖拱,到西汉末年改进为半圆形筒拱结构。四川一带盛行崖墓,乐山崖墓规模最大,其中白崖崖墓在长达 1 km 的石崖上,共凿 56 个墓,尤以第 45 号墓所表现建筑手法最为丰富。

我国隋朝(公元 7 世纪)在洛阳东北建造了面积达 600 m × 700 m 的近 200 个地下粮仓,其中第 160 号仓直径 11 m,深 7 m,容量 446 m³,可存粮 2 500 ~ 3 000 t;宋朝在河北峰峰市建造的军用地道,长约 40 km。这些民用及军用地下空间的利用,已经达到较高水平。

自公元 4 世纪中叶佛教传入我国后,相继建成著名的云冈石窟、莫高窟等,成为开发岩土空间的重要类型,它是在山崖峭壁上开凿出来的洞窟形的佛寺建筑,它同崖墓不同,崖墓是封闭的,而石窟寺则是开放的,以便供僧侣的宗教活动之用。

南北朝时代,凿崖建寺之风遍及全国。云冈西部五大窟与龙门三窟是为北魏皇帝祈功德而建的;北响堂山石窟则是北齐高欢的灵庙。石窟寺的建造遍及全国各地,新疆、山东、浙江、辽宁至今都存有石窟寺,它的精湛的艺术效果无不为世人所赞美。这些石窟寺建筑空间的利用及精美的雕刻、壁画为中国留下了一份十分宝贵的古代遗产。

南北朝时期最重要的石窟有山西大同市云冈石窟,甘肃敦煌县的莫高窟,甘肃天水县的麦积山石窟,河南洛阳市的龙门石窟,山西太原市的天龙山石窟,河北峰峰市的南北响堂山石窟等。除了敦煌莫高窟和洛阳龙门石窟在隋、唐以后相继大量开凿外,其余各处的主要石窟多是公元 5 世纪中叶至 6 世纪后半期约 120 年期间内所开凿的(图 1 - 8)。

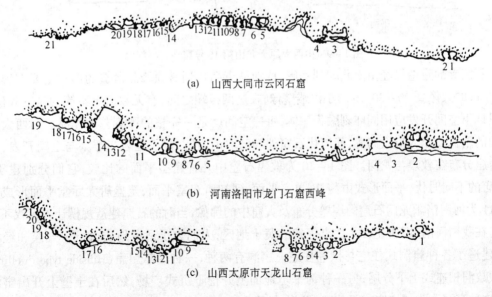

(a) 山西大同市云冈石窟

(b) 河南洛阳市龙门石窟西峰

(c) 山西太原市天龙山石窟

图 1 - 8 云冈、龙门、天龙山石窟总平面图

天龙山16窟完成于公元560年,是这个时期最后阶段的作品。它前廊面阔三间,柱子比例瘦长,而且有显著的收分,柱上的栌斗、阑额和额上的斗拱的比例与卷杀都做得十分准确。廊子的高度和宽度以及廊子和后面的窟门的比例都建造得恰到好处(图1-9)。

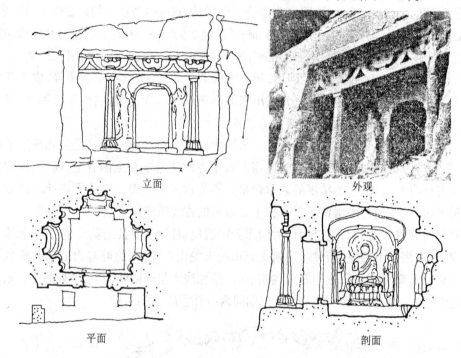

图1-9　山西太原天龙山第16号窟平、立、剖面

石窟寺的建造风经由南北朝到隋唐,特别是唐朝达到最顶峰。凿造的形式主要有容纳高达17 m的大像到20~30 cm的小浮雕壁像,在这两极端之间,有无数大小不等的窟室和佛龛。这里地下空间开发应用同雕刻融为一体,每一空间就是一完整的雕刻艺术作品。山西太原天龙山的隋代石窟入口设门廊,而唐代石窟外部已取消门廊,仅仅是岩崖雕刻与空间开发,其典型石窟分布在敦煌与龙门。图1-10为敦煌石窟中几种窟型平面的比较,它们分别建于魏、隋、唐的不同时代,平面形式由魏、隋单室平面,到初唐双室平面,至盛唐大厅堂平面形成。图1-11为河南洛阳龙门石窟的崖壁分布及大窟中的佛像,当时的石窟建造规模让人惊叹不已。

在我国河南、山西、陕西、甘肃等省的黄土地区,人们为了适应地质、地形、气候和经济条件,建造了各种窑洞式住宅与拱卷住宅。窑洞有两种,一种为靠崖窑(Hillside type dwellings),常常数洞相连或上下分层;另一种为平坦地面上开挖下沉式广场,然后在土壁上开出窑洞空间,这种窑洞称为地坑窑或天井窑,目前,仍约有3 500~4 000万人居住在窑洞中,相当于欧洲一个大国的人口数量。图1-12为靠崖窑的平、剖面图。

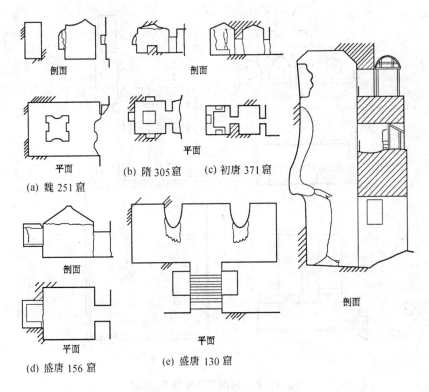

剖面

平面

(a) 魏 251 窟

剖面

平面

(b) 隋 305 窟

剖面

平面

(c) 初唐 371 窟

剖面

平面

(d) 盛唐 156 窟

平面

(e) 盛唐 130 窟

剖面

图 1 - 10 敦煌石窟窟型比较

(a) 崖壁中石窟分布

(b) 奉先寺

图 1 - 11 河南洛阳龙门龙窟

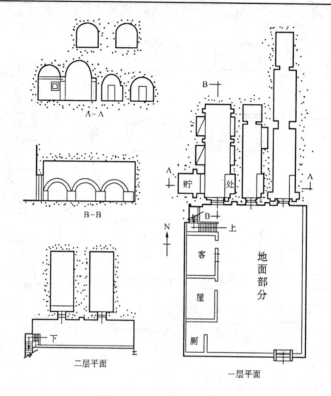

图 1 - 12　河南巩县窑洞平、剖面

四、资本主义社会近现代地下空间建筑

公元 14 世纪,以意大利为中心的"文艺复兴"运动,反对封建及宗教神学,面对现实人生,新兴资产阶级以古希腊、古罗马的思想为武器,同根深蒂固的封建神学力量进行斗争。意大利出现了前所未有的艺术繁荣,这种繁荣好像是古典古代的反照,以后再也不曾达到。公元 15 世纪至公元 16 世纪,意大利"文艺复兴"运动达到最高潮,遍及欧洲。公元 16 世纪末"文艺复兴"运动结束了,以法国为中心的宫廷文化却形成一股潮流,冲击着整个欧洲,"古典主义"文化产生了深远影响。

1. 资本主义使地下空间作为城市文化的一部分而发展

决定欧洲由封建社会走向资本社会的动力因素是英国和法国的资产阶级革命。英国资产阶级革命爆发于 1648 年,这场激烈的运动冲击着各国资产阶级。一百多年来,资本主义原始积累在各地进行,到 18 世纪中叶手工业到了末期,资产阶级同封建制度矛盾激化到一触即发的地步,于是整个欧洲形成了一场波澜壮阔的启蒙运动,这是一场反宗教神学的思想文化解放运动,为一场政治大革命做了舆论准备。这场文化解放运动的中心就是在当时资产阶级比较成熟的法国。

1774年美国爆发了资产阶级独立革命运动,更促进了欧洲资产阶级革命化。1789年终于爆发了法国资产阶级大革命,这场革命,其历史过程错综复杂,斗争反复尖锐,变化剧烈而迅速。在战争中摧毁了欧洲许多国家的封建制度,加速了资本主义的进展。

这场革命运动一直到19世纪中叶才冷却下来,由于资产阶级致力于发财致富,反映在建筑风格上也多种多样,总体表现为以资本为中心的需要。

在这次历史变革中,各种建筑随历史而产生,都有自己的阵地。如哥特式教堂、古典主义的银行与政府大厦、西班牙式住宅、文艺复兴式的俱乐部、巴洛克式剧场等等。

在地下空间开发方面,封建社会以神庙及陵墓为中心的建筑风格转为以城市建设为中心的实用类型,如1613年英国市政地下水道建成,1681年修建了地中海170 m长的比斯开湾隧道,1843年英国伦敦建成了越河隧道,1863年英国伦敦又建成世界第一条城市地下铁道,这些都表明了资本主义社会开始就具备了成熟的开发技术。

资产阶级为了获取更大的工业利润,科学被重视。1782年詹姆士·瓦特发明的蒸汽机标志着机器大生产的迅速发展,它还使工业生产集中于城市,使城市人口逐渐扩大,手工业逐渐被大机器生产所取代。"旧城扩大与新城的增加,人口增长与交通拥挤,'人口'也像资本一样很自然地集中起来,人——工人,仅仅被看做一种资本,他把自己交给厂主去使用,厂主以工资的名义付给他利息。大工业企业需要许多工人在一个建筑物里面共同劳动,这些工人必须住在近处,甚至在不大的工厂近旁,会形成一个完整的村镇。他们都有一定的需要,为了满足这些需要,还需有其他的人,于是手工业者、裁缝、鞋匠、面包师、泥瓦匠、木匠都搬到这里来了……于是村镇就变成了小城市,而小城市又变成大城市。城市越大,搬到里面来就越有利,因为这里有铁路、运河、公路;可以挑选的熟练工人越来越多;……这就使大工业城市以惊人的速度迅速地成长"。(恩格斯.英国工人阶级状况.见:《马克思恩格斯全集》第2卷第300页)。在这种状况下,城市变成了一个拥挤、混乱的场所,土地的私有、工厂的乱建、城市建设的无计划性,都表明资本家为获取利润,使大工业城市不可避免地陷入了混乱状态。

大工业生产为建筑技术的发展创造了良好的条件,新材料、新结构在建筑中得到广泛研究和试验的机会。1855年,贝塞麦炼钢法(转炉炼钢法)出现后,在建筑上应用钢材更普遍了。1774年,英国艾地斯东在灯塔建设中采用了石块混凝土结构,1829年曾把混凝土作为铁梁中的填充物,1868年法国园艺家蒙涅以铁丝网与水泥试制花钵,拉布鲁斯特以交错的铁筋和混凝土用在巴黎日内维夫图书馆的拱顶取得成功,这为近代钢筋混凝土奠定了基础。法国包杜于1894年在巴黎建造的蒙玛尔特教堂是第一个采用钢筋混凝土框架结构,从此钢筋混凝土结构传遍欧美。

2. 两次世界大战推动了对地下空间的利用

战争因素使得各国对战争带来损失的认识更加深刻(二次世界大战使城市遭到了严重破坏,战争洗劫过的地区变成一片废墟)。当时各国为战争服务的地下空间防护体系及后方生产体系建设量很大。主要有人员掩蔽工程、指挥所、军用工厂、物资库、医院、电站及地下交通网。

　　从 1863 年英国伦敦建成的第一条地铁开始到二次大战期间,发达国家地铁建设一直没有停止,如美国纽约、匈牙利布达佩斯、奥地利维也纳、法国巴黎、德国柏林、阿根廷布宜诺斯艾利斯、西班牙马德里、希腊雅典、日本东京、苏联莫斯科等都相继进行地铁建设。二次世界大战结束后期,很多国家都考虑对今后战争的防御,而在全国范围内规划设计防空体系,以便一旦战争发生而有备无患。

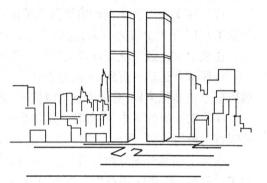

图 1 - 13　美国纽约世界贸易中心

　　资本主义的资本垄断使大城市工业畸形发展,人口极度集中,公害污染成灾,工作居住环境恶化,道路交通拥挤,土地和资源的不合理使用等,严重影响了城市的使用效率,也阻碍了资本主义社会的发展。战后,恢复生产和生活的要求是当务之急,因此,要有计划地改建现代大城市,开展新城运动,进行区域整治和环境改造,快速建设及恢复生产更加推动了地下建筑的发展。如二次大战后的英国伦敦规划、莫斯科城总体规划、日本新宿的规划等。

　　3. 战后城市地下空间作为资源开发

　　二次大战后在地下空间应用方面主要有两个方面,首先因战争的惨痛教训而建设的防护系统。它包括全国各大城市及全国的战备物质贮存掩蔽系统及交通系统。

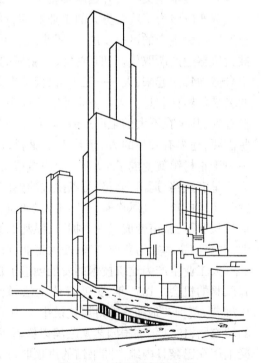

图 1 - 14　美国西尔斯大厦

　　其次是建筑物的地下空间应用,如美国纽约世界贸易中心大厦(1969～1973 年)110 层,地下空间为 7 层,地面建筑高度 411 m。双塔总建筑面积 120 万 m^2,总造价 7.5 亿美元(现已被恐怖分子炸毁)。这座建筑地下空间设有地铁车站和商场,可停放 2 000 辆车的四层车库,设有电梯 108 部,快速分段电梯 23 部,每分钟速度达 48.65 m。这座建筑可供 5 万人办公,并可接待 9 万来客,这座摩天大楼实际上很不尽人意,故有“摩天地狱”之称(图 1 - 13)。

　　西尔斯大厦(1970～1974 年)建于芝加哥,建筑面积 41.8 万 m^2,总高 443 m,地面 110 层,地下 3 层,是目前世界上最高的建筑物之一(图 1 - 14)。

　　高层建筑显示了垄断资产阶级的实力,标志了现代建筑技术成就。同时,也可以使我们清楚地看到,高层建筑是城市发展的必然趋势。实践证明,大量高层建筑不仅使用不便,而且对城市交通、日照、城市艺术等方面造成令人厌恶的严重后果。

　　法国巴黎蓬皮杜国家艺术与文化中心暴露了全部结构,设备管道也全暴露并涂上醒目的颜色。它地面6层,地下4层,长168 m,宽60 m,高42 m米(图1-15),其地下空间部分得到充分利用。

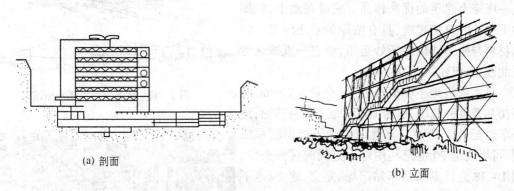

(a) 剖面　　　　　　　　　　　　　　　　　　(b) 立面

图 1-15　法国巴黎蓬皮杜国家艺术中心

　　大跨度地下空间的实例为1970年大阪世界博览会的美国馆(图1-16)。它采用的是充气

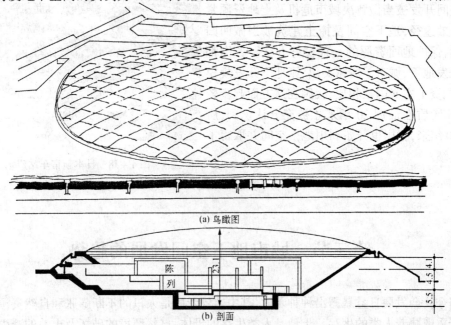

(a) 鸟瞰图

(b) 剖面

图 1-16　大阪世界博览会美国馆

屋顶的掩土建筑,屋面由 32 根钢索张拉及涂 β 粒子的玻璃纤维制成,每平方米的重量只有 1.22 kg/m²,覆盖面积达 1 万 m²,屋面结构用钢丝绳固定。

图 1 – 17　瑞典拉普兰体育旅馆

　　瑞典的拉普兰体育旅馆(Sports Hotel, Borgafjall, Lappland),20 世纪 50 年代末建成(图 1 – 17),是一座掩土建筑的优秀作品。它卧在地上,犹如地下生长的自然建筑,具有浓厚的乡土气息。它的材料与掩土结构的巧妙运用,使它一直被认为是北欧"有机建筑"的典范。

　　日本新宿地下街规模宏大,全长 6 790 m,两旁排列着各种商场,地面大厦与地下街可连通,地下车道把地下街市与其他四个地下街市联系成网,可以说是 20 世纪利用地下空间的优秀杰作。图 1 – 18 为日本新宿车站广场、立交、地上、地下连成一体,已分不清原地面在何处。

　　由此可以看出,二次大战后的几十年时间里,地下空间开发被当做解决城市危机及土地资源紧张的有效途径,地下空间及掩土建筑被当做回归大自然,保护地面资源的一种良好办法。各国都争先开发地下,城市矛盾越突出,则地下开发规模越大,同资本主义国家相比,我国在这方面起步较晚,城市矛盾在最近 20 年来才被充分认识到,所以近 20 年来,我国也开始利用地下空间并取得了很大成绩。

图 1 – 18　日本新宿车站广场

第三节　城市地下空间发展的趋势

　　当今社会发展日益暴露出种种矛盾,其中主要矛盾是人口的不断膨胀和自然资源的减少,这将严重威胁着人类的生存。土地是人类生存的母体,自然环境的破坏及土地的减少,对人类来说是可悲的,人类要想健康的生存就必须保护自然环境,减少对土地的占用。

一、现代城市所面临的问题

1. 城市人口急剧膨胀、拥挤达到了非解决的地步

公元 1 年,地球上的人口约 2.5 亿,公元 1600 年之后,地球上的人口达到 5 亿,增加一倍。1950 年全球人口不足 25 亿,但到了 1987 年全世界人口达到 50 亿,这是公元 1600 年的 10 倍,是 1950 年的 2 倍,20 世纪末地球人口达到 60 多亿。可以预测,再过 400 年,即到 2400 年,人类人口将是目前人口的 3 倍之多,这样,我们的土地是否还能哺育人类还真是未知数。

再来看看土地现状,人类生存的大部分粮食和 95% 以上的蛋白质取自土地。粮食是生命之本,没有土地就没有粮食,人类就要消亡。我国土地有 960 万 km^2,但可耕地面积为 100 万 km^2,只占全国土地面积的 1/10。按现有的耕地面积计算,人均只有 933.8 m^2(前苏联人均耕地面积的为 7337 m^2),而且耕地还在逐渐减少,年平均递减率为 1.66%,同时,人口却以爆炸速度增加着,所以控制人口膨胀,节约有限的耕地是摆在世界人类面前的重大课题。

2. 城市无限制地扩大及占用耕地造成对土地资源的破坏

占用耕地发展生产而获取利润是资本主义社会的重要特点,其结果是破坏了人类赖以生存的空间。向海洋进发(海洋城市或海底城市)、向宇宙进发已经提出了,而且有的正在实施,将来某一时间段海洋也会被人类所破坏,空中也将成为人类的垃圾空间,届时人类生存的大气也将遭到破坏。人类对自然资源的掠夺使近海、江河、近空、森林、土地都遭受到无法挽回的影响,而对土地及水的影响最大,人类正面临来自环境的直接威胁。

3. 人口膨胀与占用耕地将直接引发生态的失衡,资源和能源的紧缺

人口不增加,城市不扩大,就现实社会状况来说是不可能的。面临人类生存空间的资源开发有三个方向,一是海洋,二是宇宙,三是地下空间。相对来说,开发地下空间比较容易,一是它存在于离我们生存空间最近的地表下,具有直接受益性;二是同地面所建成的系统联系十分紧密,可以使上下空间得到协调发展。

人类社会本身的固有矛盾必须彻底解决,必须在人口增长上进行控制,因为自然界没有那么多生存空间和无限提供生存物质的基础,再有就是节约耕地面积,开发新的生存空间。大城市的大工业生产对自然界造成的破坏作用应该改变。

目前,人类社会仍处于不太高的文明水平,人们对此类事物从认识水平到科技水平都还未达到一定高度,现在仅仅是已经发现了城市扩大及人口的增加对人类带来了很大的影响,从解决的状况来说仍不能令人感到满意,人均耕地面积仍然在减少着,城市规模也仍然在扩大着。

而地下空间开发利用就可以减少对现有耕地的破坏,它可有效地保护地面植被,增加人们对空间的日益增长的需求,提高城市利用效率,因此,向地下索取生存空间是空间开发的重要方向。

二、城市地下空间开发的几个主要趋势

1. 大型地下综合体是城市密集区发展的趋势

城市地面以下的空间应全面利用,这部分空间应按表层空间考虑,深度为 0～10 m 范围,郊区或耕地应保留一定的厚度,该自然厚度能有效地为人类提供能量,这一厚度至少应在 10 m 范围内,根据地表情况甚至到 15 m。这一表层厚度主要用于自然绿化及生态平衡,所以郊区或乡村地下开发深度应在 15 m 以下。

城市表层空间开发的方向应以工业与民用项目为重点,只要城市地面项目功能是合理的,地下项目应与地面项目相结合。如地面是商业服务中心,相应地下顶层也应是带有商业性质的项目,下层为地下交通网、车库及公用设施等。图 1-19 为日本东京八重洲地下街,400 m 长,80 m 宽,建筑面积 69 200 m²,共三层,顶层为商服,中层为车库及地铁,底层为机房,管、线也都设有单独的廊道。大型地下综合体将会取得很大发展。

2. 城市交通为地下空间利用的重点

地下交通线路网对缓解城市的交通拥挤和城市污染起着十分重要的作用。地下交通网主要包括地下公路交通网、地下铁道交通网等。目前各国大中城市交通所出现的矛盾都是相同的。从 1863 年英国伦敦建成第一条 167 km 地下铁道到目前全世界已有 90 多个城市建设了地铁,而且,地铁建设的总体趋势是地面、高架、地下铁道组成一体的快速交通系统,通常规律是只有在城市的某些地段建成地下铁道。地下交通网建设深度既有浅层也有深层,由 5～30 m

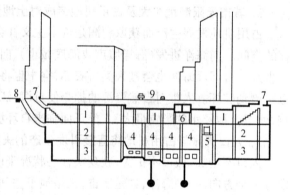

图 1-19　日本八重洲地下商业街剖面
1—商店;2—库房;3—机房;4—地铁;5—污水管;
6—电缆道;7—出入口;8—汽车出入口;9—街道

不等。在日本除地铁外,正在兴建的地下 50 m 处的隧道,将以时速为 600 km 的地下飞机把东京和大阪连接起来。

地下交通网,不仅仅用于城市,随着城市的发展,海底隧道(如英吉利海峡隧道)、越江隧道(如上海黄浦江越江隧道)等,也都相应地发展起来。

3. 发展具有防灾功能的地下空间

几百年的历史告诫人们,对人类威胁最大的是自然灾害、战争浩劫、生产事故三项,而地下空间利用对上述三项事故都具有良好的防御性能。一、二次世界大战和大大小小不间断的战

争及地震、火山、飓风、放射和泄毒等对人类的危害不可轻视,所以,各国都在防灾方面做了各种各样的准备,而在地下空间方面的开发是十分有效的准备。对战争灾害的预防,没有一个国家不做这方面的发展建设,例如,前苏联要求城市居民和工矿企业按能容纳总人数的70%来修建掩蔽工程;瑞士建造的掩蔽所已能够保证总人口的90%在危急状态下的掩蔽。美国在弗吉尼亚州建造了一个名叫"芒特弗农"的地下城,这个地下城位于首都华盛顿西北约75 km处,即使在美国当地,也几乎无人知晓。"芒特弗农"是为核战争做准备的超绝密"地下城市",具有经受核持久战的一切机能,连起飞和降落用的直升机机场也不露于地面。这个地下城市是建在坚固的岩层深处,有作战、生活居住的一切保障,能经受住核武器的直接轰炸,具备打核战争的机能,它没有通信地址和邮政编号。

对自然灾害的准备,现已经认定,地下空间抗地震、大火、飓风等都是十分有利的,所以各国在地面建设规划时对其地下部分有明确的防灾方面要求,如面积、出入口数量、垂直交通的工具等。

4. 城市市政设施的地下空间利用

城市市政基础设施是城市的生命线系统,它包括水、暖、电、气等供应及排放系统。城市基础设施必须和城市总体规划、分区规划结合,系统考虑。新开发地下空间经常遇到原有基础设施与开发的矛盾,经常需要使原设施改线或局部改造等问题。总而言之,大规模开发地下空间必须结合基础设施的改造,所以,基础设施的总体规划应在今后的开发中具有统筹性、方向性。发达国家的管线廊道代表了发展方向。

5. 原有地下空间或天然洞室的利用

在城市地下空间开发过程中,经常有早期已开发的地下空间或天然形成的洞室,对原有的地下空间的维修、改造、处理,以及与新开发的地下空间的相互联系,自然是城市地下空间开发过程中的重要课题,特别是一些民防工程,其工程质量水平已不适宜目前的要求水准,不改造是不能投入使用的。

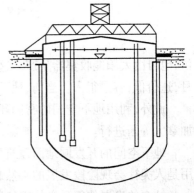

天然洞室在山区城市中仍然存在,它的开发利用较为经济,常开发成民用、工业、景观或军事建筑等。目前,有很多天然洞室被开发使用。

6. 发展建立水和能源的贮存系统

水和能源贮存系统目前在有些国家已经有成功的经验。这里包括液化气、热能贮存、油的贮存等等,从实际建造看,具有安全、节能、经济等多种优点,它必将得到很快发展,图

图 1-20 液化天然气冻土库

1-20为美国液化天然气冻土库。图1-21为瑞典的一座地下热水库,它建在210 m深的地下

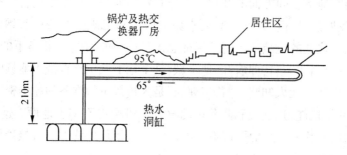

图 1-21 地下热水库

岩石中,把地面上热电站余热产生的热水存在容积为 20 万 m³ 的洞罐中,用作首都一个大居民区的使用热水。图 1-22 为美国的两种岩石蓄热库,在开挖后的洞库中全部用石碴回填,中间埋设三排管道,从当中一排管道通入热空气,流向上下两排管道,将石碴加热,利用岩石良好的蓄热性能将热能长期贮存。使用时,通入常温空气,被加热后输出。热空气可以由热电站提

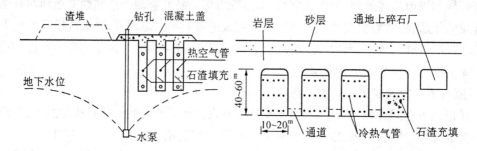

图 1-22 岩石蓄热库

供,也可由太阳能收集器生产。这种蓄热库的输入和输出温度在 500 ℃ 以上,可贮存 4~6 个月,造价低,容量很大。当前,地下 2 000~4 000 m 的高温岩体热能利用,正引起各国的重视。

此外,利用地下空间的密闭环境贮存和处理放射性废物的研究和试验也正在英国、瑞典和加拿大等国进行。

地下空间的开发同地面建筑建设及土地的使用是相关联的,总体说,地下空间的开发与利用是人类社会现阶段发展的必然趋势,是人类为了生存而保护自身的有效措施。

社会的发展使得科学技术特别是建筑技术高度发达。产业结构的变化,经济的膨胀,人们认识素质的提高,人类战争及灾害的威胁,都要求必须开发地下空间,为人们利用,这一趋势是不能改变的。在城市发展到一定规模,经济条件允许情况下,向地下空间进发将不可避免。可以说,21 世纪正是地下空间开发利用的蓬勃发展期。

第四节 城市地下空间的分类及研究内容

城市地下空间是指城市地表以下以土层或岩体为主要介质的可开发利用的空间领域。对地下空间工程的研究和建造,涉及到工程的开发与规划、勘测与设计、施工与维护等综合科学和技术。地下空间工程属于土木工程的分支。

地下空间开发的主要目的是为了解决城市地面空间所造成的矛盾,这些矛盾主要表现在城市人口膨胀、土地紧张、能源的缺乏、交通的拥挤、战争与灾害的威胁等。

一、按使用功能分类

1. 地下民用建筑

（1）地下居住建筑

地下居住建筑主要包括覆土住宅、单建及附建式住所、窑洞等。近几十年的经验表明,地下住所的环境应能够满足人类生活中对健康的需要,特别是在气候条件恶劣的地区,地下空间内的微小气候及节能作用是十分显著的(如我国西北地区窑洞式住宅,美国的覆土建筑等)。值得指出的是,从习惯及方便人类居住的角度来说,人们还是倾向于地面空间,但当地下空间的气候环境同地面相近或优于地面的时候,从居住效果上并无本质差别。对地下来说,科学技术在气候环境上的应用是十分重要的。

（2）地下公共建筑

地下公共建筑主要包括办公、教学、医疗、商业、文化娱乐、旅馆、体育设施等。地下空间有地面空间不具备的特定环境条件,比如良好的恒温性及遮蔽性,更适合于严寒及酷热的地区。应当指出的是,地下公共建筑由于人流密集,流量大,因此,对其防火疏散及出入口有更高的要求。由于地下空间不占地面用地,加之其独特的内部环境,使得仓贮建筑利用地下更有其独到的价值。地下仓贮有车库、粮库、物资库、油库、气库(煤库、热贮库)等。地下贮

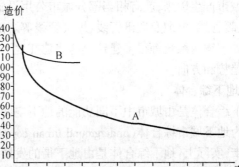

图 1 - 23　地下与地上油库造价分析
A—地下石油贮库；B—地面钢罐贮库

存成本低,如加拿大在岩盐中建造的液化天然气库,每立方米贮量的造价仅为地面钢罐库的6% ~ 8%,库容越大,经济性越明显,大到 100 万 m^3 时,则造价仅为地面库的 27%(图 1 - 23)。

2. 地下工业建筑

地下工业建筑通常是指人们从事生产创造产品所需要的地下空间,可用于多种工业生产类型。如要求较高的精密仪器的生产,军事及航空航天工业、轻工业、手工业等工业生产,水利电力的生产等。

3. 地下交通建筑

城市地面交通拥挤及人流混杂的现象是现代都市最突出的矛盾。由此而产生的解决城市交通矛盾的方法就是开发地下交通工程及人员集散场地。地下交通工程的开发已经成为现代大都市的必然结果,它主要包括地下铁道、公路交通、隧道、地下步行街及其综合公共交通设施(地下步行与交通合一或地下街道与步行合一等)。下沉式集散广场常建造在人员密集的场所,如火车站、交通及商业中心地段的交叉口,它不仅分配和组织了人流的流向,同时也是立体城市的缩影。在现代大都市中这种类型已很普遍,是解决人员集散的有效途径。

4. 地下防灾防护空间

地下空间建筑对于各种自然和人为的灾害具有很强的综合防护能力。各国为了有效地保护有生力量、打击敌人,都修建了以战争灾害为防护对象的防护工程。地下空间建筑能有效地防御核武器空袭、炮轰、火灾、爆炸、地震等造成的破坏。例如,当原子弹低空爆炸时,在距一百万吨级弹爆心投影点 2.6 km 处,一般地面建筑 100% 全部破坏,而承载力为 98 kPa 的地下建筑可保持完好;如承载力为 294 kPa,这个距离可缩小到 1.5 km。当地下建筑埋置到岩石中或土中相当深度以下、有足够厚度的岩土防护层时,则除口部需进行防护外,地下空间建筑可不受冲击波荷载作用,全部由岩土承受,这一点在地面即使花费很高的代价也是难以做到的。

5. 地下公用设施空间工程

自城市产生以来,就有相当部分城市公用设施一直在地下发挥着应有的作用,它包括地下水管线、暖管线、电缆及通讯管线、煤气管线等。随着城市的快速发展,水厂、电厂、锅炉、未来的垃圾处理输送系统等很多建筑设施将建在地下,地下管网集约化必将是城市市政公用设施的发展趋势和方向。

6. 地下综合体

地下综合体是由城市中不同功能的地下空间建筑共同组合而形成的大型地下空间工程,行业称为地下城市综合体(underground urban complex),简称地下综合体。日本把地下综合体称为地下街,实际上,地下综合体是由地下街的发展而形成的。初期的地下综合体是由地下步道系统连接两侧的商店及地面建筑的地下室组成。经过几十年地下空间开发利用的发展,地下街已与地下铁道车站、快速路车站、地下休闲广场、停车场、市场、综合管线廊道、供水发电设施、防护设施、防灾及水电设备系统控制设施进行综合,还综合了一些需要的、能结合的其他地下空间建筑。这些由多种功能集于一体的地下建筑就是地下综合体。一般情况下不能认为综合体一定包括哪些和不包括哪些工程,综合体是一个外延不明确的模糊概念。伴随着今后实践的发展,地下综合体的连接即发展为地下城(underground city)。

地面建筑分为公共、住宅、工业等建筑,通常是针对使用功能而言的单体建筑,而地下综合体综合了街道、公共场所与交通、管线等不同功能的构筑物,是建筑工程领域最复杂、难度最大、成本最高的建筑类型,是现阶段城市在无法解决地面空间矛盾而必然出现的结果与发展趋势。

7. 其他特殊地下空间应用

地下空间开发除上述多种功能外,还包括文物、古物、矿藏、埋葬、天然及人造的地下景观、洞穴的开发及应用等。

二、按岩土介质状况分类

地下空间由于设在地面以下,所以受土质影响较大,比如岩石与土壤就有很大差别,无论从规划、设计、施工都有很大的不同。因此可以分为两大类。

1. 岩石中地下建筑

包括利用和改造的天然溶洞或废旧矿坑以及新建的人工洞等。天然溶洞是在石灰岩等溶于水的岩石中长期受地下水的冲蚀作用而形成的。如果地质条件较好,其形状和空间又较适合于某种地下建筑,就可以适当加固和改建,这样可节省大量开挖岩石的费用和时间。新建的岩石地下空间的开发是根据使用要求和地形、地质条件进行规划,如我国的大连、青岛、重庆等市地下空间大多为岩层介质。

2. 软土中地下建筑

软土中地下建筑外环境介质为土壤。根据建造方式又可分为单建式和附建式两种,单建式是指独立在土中开发的地下空间,在地面以上不再有其他建筑;附建式是指依附于地面建筑室内地面以下部分的土层或半土层的空间,常称半地下或地下室。在单建式中,按其施工方法又可分为掘开式、逆作式、沉井式、暗挖式等,前三种又称为浅埋地下建筑,后一种又称深埋地下建筑。图1-24为单建和附建式地下建筑,以及黄土洞地下空间开发示意图。

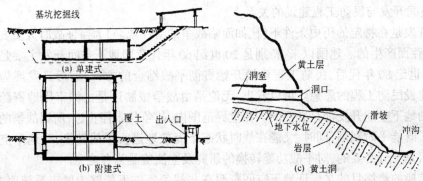

基坑挖掘线

(a) 单建式

覆土　出入口

(b) 附建式

黄土层

洞室

洞口

滑坡

地下水位

岩层

冲沟

(c) 黄土洞

图1-24　软土中地下建筑

三、其他习惯分类方法

我国部队习惯于按军事术语把地下建筑分为坑道式、地道式、掘开式和防空地下室等四种。坑道式一般是指岩石地下建筑，地道式指土中地下建筑，掘开式是指土中单建式工程，防空地下室则指附建式的地下建筑。

四、城市地下空间的研究内容

地下空间建筑已成为一门新的社会历史条件下的新学科，包含隧道与民防工程，它比隧道及民防工程的涵义更宽、内容更广泛、专业性更强，是一门涉及范围十分广阔的综合性学科。作为城市地下空间的设计理论，自然也有前期的可行性研究、评估、勘察、设计、施工、验收等各个环节。由于地下空间所处的环境与地面空间有很大差别，它的外部环境是以岩土为介质，因此，工程地质、水文地质、岩土等力学是十分重要的专业基础，它与原有土建类学科结构工程、建筑学等学科有相当密切的联系，可以说，城市地下空间是土木工程领域的一个分支。

城市地下空间所研究的内容主要有如下几个方面。

（1）城市地下空间总体规划

包括交通、市政工程、工业与民用建筑工程、防护防灾系统等规划。

（2）城市地下空间工程技术

包括地下空间建筑、结构、设备防护、市政设施管网、交通隧道、地下空间开发方法及利用地下空间的工程施工方式等。

（3）城市地下空间的立项评估及技术经济评价

主要包括地下空间开发利用的前期立项、可行性研究、评估及审批程序。地下空间开发由于涉及到城市建设的方方面面，因而要依法按规定执行。

（4）地下空间开发与民防工程建设的关系

民防工程开发是在特定的历史条件下（比如面临战争的潜在威胁）为保证战时人员安全隐蔽疏散、物资保存而产生的。建国以来，特别是20世纪60年代我国地下空间开发主要是以民防工程为主；20世纪80年代后，民防工程建设开始贯彻平战结合的方针，嗣后又发展为结合开发地下空间建设民防工程的思想。可以看出，无论是由战争威胁还是由城市用地资源紧张等原因而出现的地下空间开发都是必要的。在世界范围内，战争从未停止过，所以战争的危险一直存在。为了既能平时利用，同时，又能在战时状态下有效地进行平战转换，对地下空间开发考虑防护因素是十分必要的，对平战功能转换的研究及立法应是当务之急。

平战功能转换的最终目的是保证地下空间资源在非战争条件下能够为城市系统服务，而一旦出现战争危机则该系统只要稍进行改造即成为掩蔽有生力量、保存物资及保证交通运输的良好防御体系。

近年来,地下空间开发利用虽然已取得很大成绩,然而,对结合城市发展合理开发地下空间仍缺乏统一认识,这对整个城市建设、地下与地面的立体开发关系及地下空间建筑的有序性都会带来一定的影响。

5. 地下综合体的设计研究

地下综合体的复杂功能组合是建筑设计理论必须研究和总结的内容,它涉及的学科和专业面广而复杂,从空间上进行优化组合是设计的基本目标,因此,地下综合体的研究是工程界科技工作者长期艰巨的任务。

6. 其他地下空间技术的研究

它包括资源及能源的开发、贮备及利用,废旧矿井、天然溶洞的开发利用,地下大型快速交通(飞行廊道或高速列车)及微型隧道技术的利用;同时,也包括城市地下与地面相关规划与技术的研究等。

伴随着城市地下空间开发的发展,一些新的开发类型将不断出现,其研究的内容也是十分广泛的。大量地下空间开发的应用实践,将充实和提高理论研究的水平,并反过来进一步指导实践,同时,也能总结实践中的不足。

第二章　城市地下空间总体规划

第一节　城市地下空间规划的特点、原则与内容

城市地下空间规划是城市规划的重要组成部分,在过去一段历史时期内,城市规划中不考虑地下空间的建设与规划,仅考虑区域建筑群中市政工程的管网规划。关于城市地下空间工程规划只不过是在近几十年(各国发展的水平不同)才被纳入城市规划管理中的。我国建设部于1997年12月颁布的《城市地下空间开发利用管理规定》,使地下空间工程规划工作走向法制化。

一、城市地下空间规划特点

城市地下空间的规划特点如下。

(1)地下空间工程规划受到原有城市规划的限制。原有城市规划基本上没有或较少考虑地下空间的规划问题,原有城市规模越大,越集中,则用地矛盾越突出,因而地下空间开发利用规划就越重要,而此时做地下空间工程规划就越受到地面城市规划的限制,其主要受限制的区域及环境有:地面建筑下次浅层空间内往往受到地基基础的限制,通常地面建筑工程建设影响深度为10~100 m之间,地下空间规划距地表越深则受限制越少。

(2)地下空间规划应结合地面建筑的地下室开发利用进行。地下室的开发利用是地面空间资源的一部分,目前大多地面建筑都利用多、高层建筑开发地下建筑,多层建筑的地下2层及高层建筑的地下3~8层建筑已多见,这样其影响深度可达几十米。日本地下街就起始于地面建筑的地下室相连而形成,因此,早期的地下街比较混乱。

(3)次浅层以内的地下空间工程规划常结合地面道路进行。这包括城市地下铁道、公路隧道、自行车道等交通设施,一般同地面城市道路相统一。

(4)次浅层以内的地下公共空间建筑常结合城市的广场、绿地、公园、庭院进行规划,如城市广场下的地下公共建筑,公园下的地下健身项目,庭院的地下或下沉式广场及景观等。

(5) 由于造价的影响,地下空间利用常使投资者望而却步,加之地下空间是全封闭状态,在日光、自然通风环境、绿化及环境艺术方面不如地面状况,因而封闭的地下空间不宜长期居住。上述这些因素使地下资源的利用受到一定程度的影响。

(6) 地下空间规划受地质条件影响很大,技术条件要求地下空间建筑必须认真对待不同土层的影响,甚至水的影响,如越江隧道项目。

(7) 地下空间工程范围较广泛、类型多、技术条件复杂,是城市防灾减灾的重要组成部分,具有防护功能,地下市政公用设施工程又是城市生命线工程的重要组成部分,这些特点都使其不同于地面城市规划,因为地面建筑规划往往在工程防护方面考虑不多,常常成为战争重点袭击对象。

(8) 地面城市建设在科学与技术方面创造了现代化奇迹,给人们的生产与生活带来便利。其负面影响是不断挤占农田耕地,破坏了环境生态,使江、河、大气受到严重污染,又影响了人们的生活及损害人们的身体健康。地下空间建筑规划可使上述状况得到最理想的解决。

(9) 地下空间规划反映不出城市的景观艺术,室内艺术表现成为主要方面,在功能方面更适合公共、工业、国防与人防、交通及市政设施,地下居住建筑不适合全埋式,因而发展为覆土建筑及窑洞建筑,因为人的生活常离不开地面阳光、绿化、清风、宜人的自然环境,这些特征在地下空间有很大的局限性。即使人类科学技术达到较高水平,如解决了光线、绿化与室内良好环境等,人类仍然需要回归自然环境中。

目前,城市自然环境气候被破坏的程度已对人类生活及健康造成威胁,居民已纷纷从城市集聚的繁华区迁离至郊区,甚至在严重污染的区域其环境还不如地下,所以,"返回地下"、"回归大自然"的口号也是在如此背景下提出的。地下空间开发并非对环境的破坏,而是出于对环境的保护。

从保护生态及自然环境的角度出发,城市规划应将地面、地下相结合,进行统筹考虑。人类的生活需要舒适的环境空间,同时又需要粮食及用品,而用品的生产会破坏环境,消耗的物品又产生废料,废料又直接损害人类健康及破坏生态,如何保证既满足生活需要,而又能将废料处理再生使用(废气、废水、废料等),形成良性循环,最大限度保护生态环境的自然平衡,无疑是利于人类生活的。图 2 - 1(a)为城市自然环境条件,图 2 - 1(b)为日本学者尾岛俊雄提出的在城市地下空间内设立再循环系统的设想,该设想即为回收废料,贮存热、水等以备需要时使用。

自然界孕育了生命,这显然是自然界的贡献,而人类对自然环境破坏也就破坏了生命赖以生存的基础,其结果必然对自然界的生命构成威胁,出现人类生存危机。因此,保护自然环境,保护自然界原有的气、水、土地也就保护了生命存在的基础。人类对自然界资源的占有、掠夺

(a) 城市自然环境条件示意

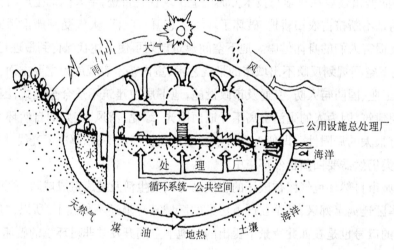

(b) 城市再循环系统示意

图 2-1　自然环境及城市再循环系统

与消耗也就是在逐渐削弱人类生存的基础,城市地下空间工程规划必须坚持城市可持续发展的原则。

二、城市地下空间工程规划的基本原则

城市地下空间开发利用是为了保证城市的可持续发展,为了保护人类赖以生存的自然环境,因此,地下空间工程规划必须坚持下述基本原则。

(1) 城市地下空间工程规划的编制应纳入城市总体规划之中,遵循国家有关的方针、政策。

（2）城市地下空间工程规划应以保护城市的历史原貌，以节约土地和扩大美化地面为基准，以保护环境生态为出发点。

（3）城市地下空间工程规划应根据地区发展水平及经济能力进行，分步实施近、中、远期规划目标，分层实行立体综合开发。

（4）城市地下空间工程规划应从保障改善城市地面空间物理环境，降低城市耗能，改善地面生活环境为原则，做到不重新污染和破坏自然环境。

（5）应将对城市环境影响较大的项目规划在地下，如交通、市政管线（水、电、气、热等）、工业、公共建筑（商店、影剧院、娱乐健身等项目），而将居住、公园、园林绿化、动物园、娱乐休息广场、历史保护建筑留在地面或将居住建筑规划在地面及地下浅层空间内。居住建筑规划在地下时，应保证阳光、通风、绿化的实现。

（6）城市地下空间工程规划应结合城市防灾减灾及防护要求进行，因为地下空间对地震等各种灾害的防护，以及包括对核袭击在内的各种武器的防护具有独特的优越性。

城市地下空间工程的实施也是人类工程科学的体现，21世纪是地下空间开发利用蓬勃发展的世纪，这是人类科学发展到今天对环境保护重新认识的必然结果。

三、城市地下空间工程规划的主要内容

城市地下空间工程规划的内容应包括以下几个方面。

1．地下空间与地面空间规划的协调关系

城市地下空间工程规划应在现有城市规划基础上进行，它包括原有城市现状，新城规划，并结合地面区段的功能进行考虑。如商业中心地下不宜建地下工业工程项目等。这需要研究城市建设与地下空间建设相结合的途径。

2．城市地下空间工程规划的现状与发展预测

城市地下空间的开发利用一直伴随着城市建设而发展，从最初的地面建筑地下室至20世纪初的一、二次世界大战引发带来的以防护为目的的掩蔽所。战争所带来的惨痛教训使人们认识到地下防护工程在国防、军事、人防中发挥的重要作用，是对战争防护的最佳类型。战争结束后，各国为防御世界战争的再一次爆发都不遗余力地修筑防护工程，并结合城市地下空间进行开发利用，至今仍然是一个国家战略防御的重要组成部分。20世纪50至60年代以后，各国繁华城市都在不断地开发利用地下空间，以解决城市用地紧张的现状，包括地下铁道、库房、车库、地下街、地下综合体等。20世纪100年间的城市建设有相当多的地下空间建筑，有些尚未很好地同地面城市规划相结合，对于已开发的人防工程应进行现状调查、分析及改造利用，也有些工程对城市规划起到了不良影响，如质量低下，容易漏水而成河道，这样的工程应拆除报废。对现状调查有助于地上地下的协调规划，统一解决地上地下空间建筑功能的不同性质组合问题，通过对地下空间工程的发展预测做到对城市地下空间工程的良性开发。

城市地下空间需求预测的主要内容是针对城市人口增长率及土地利用的预测来探讨,其基本原则是确定人口年变动因素,根据土地及建筑的人均占有比例,预测人对空间需求的趋势,以保护土地及生态环境为根本,即要预测一段时期内城市地下空间的需求总量。在总预测量中应包含不同地下空间工程功能的分量,如交通空间、防护空间、居住空间及公共空间的需求,也可通过城市绿地及宜人环境的需求来改造地面空间(拆除整治),并将其需要的建筑空间移入地下等。

3. 城市地下市政工程的规划

市政工程设施是由多项为城市服务的管网系统组成,如给水排水、电力电讯、煤气供热、电视网络、防洪抗洪设施等。每个分项均由专业工程技术人员负责并同规划人员共同来进行该设施的规划。

市政工程设施过去就有相当部分(管网)在城市地下设置,主要存在问题是各自成体系,不能统一规划,其各自敷设的管网有空中走线,也有地下走线,所浪费的人力、物力、财力较大。如果在地下组织"共同沟"的永久设施,不仅布局统一,而且也便于维修。该"共同沟"即是"市政管线廊道",该廊道可认为是建筑工程类型之一,没有艺术要求,只有使用功能要求,可具有相当尺度面积与高度,在一定距离可设休息室、工具室,便于人员及轻便机动车在廊道内通行,将所有的水、电、气、热等设施统一组织在"市政管线廊道"内,可垂直或水平划分空间以防止相互干扰,如水管与电线不可设在没有分隔的同一廊道中。

4. 城市地下交通设施规划

地下交通设施应是地面交通改造的主要出路。发展中国家城市交通以高架为主的最终结果会造成对环境的污染与对城市景观的破坏。高速线的建成有助于活跃本地区经济,改善了地面交通拥挤的状况,在城市发展中起到了不可忽视的作用,城市高架桥的建设适应了社会的发展,而我们也应看到,地面快速路的建设挤占的是地面空间,带来的是对空气的污染,机动车数量的增加又加剧了环境的噪声污染,这种势头可能不可逆转,实际上,等人们清醒和回味过来之时,悔之已晚,所付出的代价远远超过效益。因为所带来的效益只满足了一时需求,而所付出的正是对人类自身生存的威胁。对自然资源生态的破坏,也就是对人类自身生存的逐步毁灭过程。

如果地下交通规划实施,既可减少噪声及空气污染,同时又不占用地面农田及空间,相比地面交通是利多弊少。地下交通主要是地下铁道、公路及自行车道等。

5. 城市地下空间民用工程规划

城市空间公共设施包括商业、办公、文化娱乐、体育、医疗等以公共活动为目的的设施。目前,在各国城市中所建造的这些设施,有地下商业街、各种"馆"、音乐厅、健身房、实验室、医院等。

地下居住建筑就目前技术条件来说,人们尚不适应,因为人们最喜爱阳光、自然通风及绿色环境,全封闭地下空间在这方面不能与地面环境相媲美。居住区规划应侧重于可接受阳光,通风良好及能进行绿化的环境条件下,如地面建筑的地下室,掩土或覆土建筑,窑洞及下沉式广场中的地下空间建筑等。

6．城市地下工业设施规划

工业是城市形成的主要动力，工业在发展过程中也给城市带来很多麻烦。地下工业设施只是地面工业设施的一种补充，因为完整的工业体系已经形成，当需要继续扩大生产及空间规模时可以考虑向地下发展，地下空间对某些工业生产起着有利的作用，如对温度、湿度、密闭隔绝、防灾防护等方面要求较高的工业适宜设在地下空间中。

7．城市地下贮存系统规划

地下贮库是用来存放各种生活物品及生产资料的，有车库、粮库、油库、危险品库及各种类型的气、水、核废料库等。

8．城市防灾与防护系统规划

城市灾害对城市的破坏及互相诱导发生的次生灾害将呈现日益严重的趋势，针对这种状况，应建立防灾减灾系统，包括预测、预报、监测、警报及防空工程建设。

城市防灾主要针对自然、人为及战争等出现对城市的破坏的灾害而编制的防灾规划。防护工程是防御战争和灾害发生时的工程系统，而战争发生的时间和频率很难确定，所以，地下空间防护工程规划应同城市防灾规划相结合。

第二节　地下空间开发同城市建设相结合的途径与方法

地下空间工程规划及建设必须同地面城市建设相结合才能发挥其作用，否则不仅不能发挥地下空间的作用，反而会影响城市建设，造成对地下空间资源的浪费。从国内外近几十年地下空间工程建设的实践经验看，地下空间开发与地面城市建设有一定的关系及规律，下面我们研究这种规划的规律。

一、城市地下空间开发利用与地面空间建设的关系

（1）地下空间是城市地面空间资源的补充。城市发展表明只有当地面空间资源不足时，人们才会积极开发地下空间，地面空间开发总是在先，地下空间开发大多有滞后的特征。许多实例可说明这一点，如地面交通紧张时通过开发地下铁道来扩展交通设施等。

（2）地下空间建筑开发同人民防空工程相结合。过去曾有几十年的历史把地下建筑认为是防空洞，这种认识也是符合实际情况的，当时的地下建筑实际上就是为战争服务的，城市地面空间不像现在这样紧张。目前，大中城市地下空间开发已是城市建设发展的需要，不仅仅是战备的需要，更应注意在大量开发地下空间工程的同时把防灾防护纳入地下空间开发的领域中。

（3）地下空间工程规划常在地面城区建设已定型的现状下进行。地下工程受地下空间规

划及地面道路、建筑和其他设施影响较大。地面建筑规划的形式往往决定了地下建筑规划的形式。

(4) 新城规划仍要将地下空间与地面空间规划相结合。新城开发应吸取旧城的经验，将地下空间开发内容同城市建设与环境改造结合起来。

二、城市建设中的地下空间规划途径

1. 充分利用地面建筑的地下部分空间

城市建设中建造量最大的是地面建筑，而地面建筑中建造量最大的是住宅，约占70%～80%，地面建筑通常需要建有一定深度的基础，北方严寒地区基础埋深一般大于1.8 m，高层建筑基础则更深。充分利用地面建筑开发单层或多层的地下室，作为库房、出租店铺、地下车库等用房，可提高城市的容积率。同时，它又是防灾与防护工程的一部分，在危急状态下可作为掩蔽工程。规划中应注意的问题是应将这些独立的地下空间用通道互相联系起来，形成四通八达的地下空间网。比如城市居住小区的建设，可建立独立的可与上部建筑相联系的地下空间，平时可作为车库、自行车库等，发生灾害时作为避难所。

2. 地下空间开发规划的功能常同地面建筑使用性质及环境相关

地下空间建筑的规划常同地面建筑或环境的特点高度相关，如在繁华商业中心开发与经营有关的地下商业街等性质。因此，对于不同地段环境特点其地下功能规划是不同的（表2.1）。

表2.1　地上与地下空间规划功能关系

序号	地面环境及建筑性质	可规划的地下空间使用性质	地面环境特点
1	医院	门诊部、住院部	交通方便、环境安静
2	火车站前	商业中心、宾馆、娱乐场、车库、地铁车站	集散广场、繁华
3	政府机关广场	车库、接待处	集散广场、安静
4	工厂	车间、库房及辅助厂房	厂区
5	住宅区	地下或半地下室、人防工程、用于库房、营业及服务项目	生活区
6	公路交通	交通工程及公用设施	噪音大、人、车流多
7	繁华商业中心	地下街、地下综合体、娱乐场	繁华、拥挤
8	道路交叉口	地下过街或交通枢纽	繁华、人、车流多
9	库房	库房	库区安静、较掩蔽
10	学校	实验、车间、图书馆、体育馆	安静
11	重要地段及设施	贮库、工事、防护工程	地形特殊、重要掩蔽
12	城市广场	车库、地下购物中心、交通干线车站、下沉式广场过渡的地下设施	开敞、可容纳很多人
13	风景区与古区保护	交通、游乐、基础设施、服务设施	观览、旅游人多
14	废弃空间及天然溶洞	景观、贮存、养殖、工厂库房	或在市郊或在城外，但距市区不太远

表 2.1 中说明地下空间使用功能的规划需与地面城市建设环境及特点协调,充分利用地面环境的优势,使地下建筑功能紧密结合地面环境功能,容易获得成功,反之即不容易成功。如黑龙江省医院于 20 世纪 70 年代建造了防护标准的地下人防工程,开始,为开发利用人防工程,将其作为招待所,由于效益不佳而关闭,后来,充分利用医院的优势而转作为地下门诊部,自 1984 年起,年收入达百万元;哈尔滨秋林地下商业街工程利用商业中心区的环境优势,十年来一直获得较高效益。这一切都说明,地下空间开发功能必须紧密结合地面环境优势及特点,做到协调互补很容易获得成功。

3. 地下综合体的规划应在城市中心地段

地下综合体的开发与规划主要应在城市中心区广场、车站、商业中心等地段。综合体的特点是功能多,集交通、购物、娱乐、步行等功能为一体,是城市地下空间中较为复杂的大型建筑系统。地下综合体投资大、涉及因素多、建造复杂,它常与地下街、地下铁道车站相联系。图 2-2 为济南市各种类型地下空间建筑的规划实例。从图中可看出,地下综合体及地下街位于繁华区道路中心的地下,较严格按道路走向布局,基本规划在道路或空地下面。

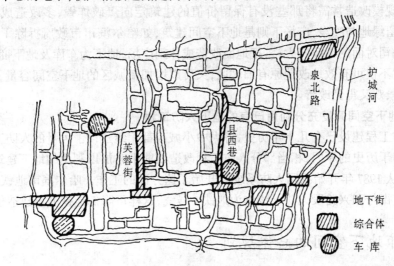

图 2-2　济南古城区的地下空间规划

4. 通过地下轻轨交通建设,大规模改造旧城,并与新城建设相结合

各国在进行地铁建设中都将新城规划与旧城改造结合起来。地下轻轨建设投资巨大,影响城市及地下景观,为城市带来新貌,特别是将地铁车站同大型综合设施相结合,其服务功能十分强大,保护了地面自然景色。

这种综合旧城改造修建地下轻轨交通的有上海徐家汇站、蒙特利尔的梯尼站、费城的宾夕法尼亚中心、法兰克福中央车站、巴黎的夏特莱站、德芳斯新区等,德芳斯站的开发将公共汽车、国家级公路、停车场、高速公路、地铁轻轨车站、5 000 m² 的商店、餐厅、咖啡馆等组成综合体(图2－3)。

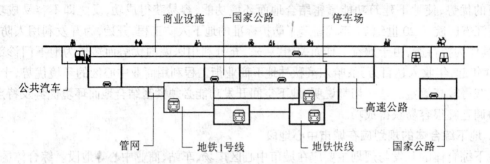

图2－3　巴黎德芳斯新区地铁轻轨站综合体

　　香港九龙湾地铁车辆段在改造旧城中利用大面积厂房顶建造了多幢高层建筑,拆迁了很多旧有房屋,改造了原有旧城,增加了地铁收益。

　　上述实例说明地下空间开发规模不大时受到旧城的限制较大,规模较大时结合旧城改造进行,这种大规模改造常需将那些没有保留价值的建筑定向爆破炸毁,多改造成地面休闲广场,广场内保留绿地与喷泉,广场下则是地下空间建筑,如哈尔滨市市政府拆除了道里区尚志大街哈百货公司对面的市政府大楼,把地面改造成休闲广场,地下为车库及地下商业街。说明地上空间开发不仅可有效地改造原有旧城区,又可以增加新城区的地下空间容量,城市的使用效率提高了,景观又得到改善。

　　5. **城市地下空间开发充分利用已有的地下人防工程**

　　我国人防工程建设已有几十年历史,各大中小城市都相继建设了大量的人防工程,取得了很大成就。由于历史的原因,相当部分人防工程改造成能平时加以利用的地下建筑,这种实例在全国很多,从1987年开始我国人防系统就开始了这方面的工作。哈尔滨市地铁办就将1973年建设的大直街与和兴路段人防干线作为地铁1号线,这样可降低地铁的土建造价。

三、城市地下空间的总体规划

　　1. **旧城地下空间的总体规划**

　　旧城地下空间的总体规划应根据对城市空间的需求,如交通流量、旧城改造等原因进行。如条件允许,常结合旧城改造进行总体规划。规划的主要形式有下述几种。

　　保护有价值的旧城面貌,拆除无价值的建筑,地下空间不同功能性质的建筑主要沿道路走向进行布置,必要时打通和连接地面建筑地下室部分,将地下街、综合体、地铁车站作为枢纽设在中心广场或繁华区的人员集散场所。图2－4为西德慕尼黑市中心区的旧城改造示意图,战争使城区40%受到创伤,战后为解决居住问题建造了大量住宅,20世纪60年代后,市中心区环境恶劣引起居民迁出,为了解决旧城面貌并结合新城建设进行开发建设,图2－4中的C部分为东西向快速电车路及高速公路,与环向地铁相交,重点对三个广场,进行立体化规划,地面及地下2层,即图中D部分规划了地铁车站、地面广场和地下车库,该规划将步行街、地铁、广场、商场、停车场进行组合,既保护了有历史意义的旧城建筑,又改变了旧的整体城市形象,地下空间的综合开发使城市的面貌焕然一新。

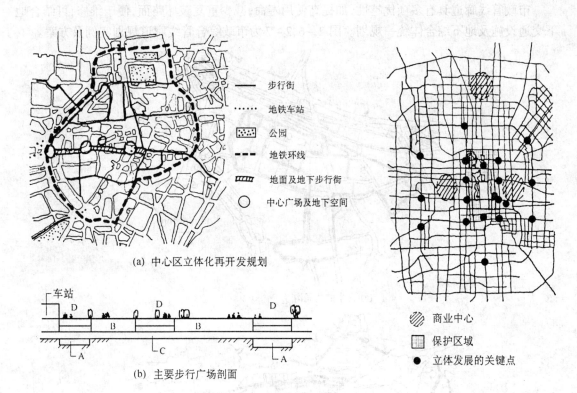

步行街
地铁车站
公园
地铁环线
地面及地下步行街
中心广场及地下空间

(a) 中心区立体化再开发规划

(b) 主要步行广场剖面

商业中心
保护区域
立体发展的关键点

图2-4　慕尼黑市中心区的立体化再开发　　　　图2-5　北京市地下空间开发分析

我国首都北京市是一个值得保留历史建筑较多的大都市,在保护旧城建筑和新城建设开发中必须规划启用地下空间工程,北京从1996年建设地铁至今已有了很大发展,在北京西客站及西单新建的过程中,都结合建筑与广场建设了相当规模的地下空间,地下空间开发促进了城市建设。新的研究指出,北京应大力开发地下空间,地下空间开发的关键是取决于经济和科学技术水平,无论在地面空间还是地下空间都应统筹规划,研究如何保护历史建筑和立体发展(图2-5)。

2.城市改造中市政管线廊道的规划

城市市政管线的分散管理和各独立为政的现象给使用和维护带来诸多不利,在城市建设改造过程中,管线问题常常使建设受到种种阻碍。

日本在20世纪60年代后在建设城市道路和地下铁道时就同时建设"共同沟"(common

condait），至今已有共同沟526 km。法国巴黎自1832年即开始建造综合管线廊道（technical gallary），西班牙马德里有92 km的综合管线廊道，莫斯科已有120 km管线廊道，这些都说明，综合管线廊道与城市建设再开发必须同时进行（在各国其名称不统一，这里我们称为市政管线廊道）。

市政管线廊道具有多项优越性，如提高使用寿命，减少重复破坏路面，便于维修，可结合地下交通设施及地下综合体统一规划。图2-6、2-7为市政综合管线廊道规划实例及方案。

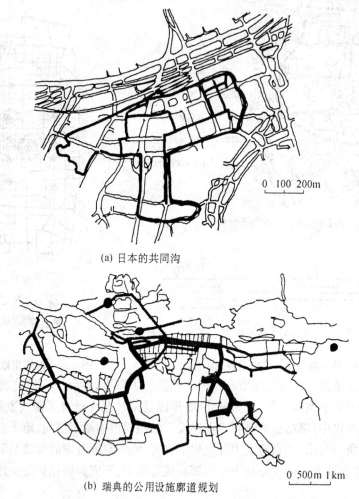

(a) 日本的共同沟

(b) 瑞典的公用设施廊道规划

图2-6　市政综合管线廊道

图2-6(a)为日本共同沟规划在道路下，其原因是不能通过拥有土地私有权的地下空间，因而增加了长度和造价。图2-6(b)为瑞典的管线廊道规划在岩石层中，不按道路走向的规划。图2-7为日本东京大深度地下公用设施复合干线网规划方案。

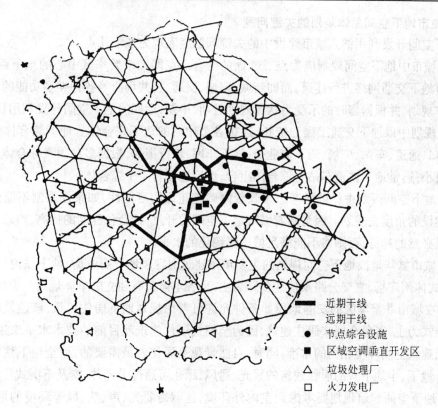

图 2-7　东京市大深度地下公用设施复合干线网平面规划示意图

市政管线廊道一般造价较高,所以发展较慢,但它的优越性已被公认。

我国城市在管线廊道方面进展十分缓慢,其主要原因有下述几个方面。

(1) 我国城市管网一直沿用过去分散的直埋式,还不具备大规模改造的能力,电力、电视、煤气、上下水、供热等基本为各自独立管理,尚不能协调起来。

(2) 即使我国通过城市改造一并进行管线廊道建设,所涉及的各方面问题也较多,就工程造价方面也难以进行,根据日本的经验,共同沟造价为地铁造价的 1/8,每米 300 万日元(1983年),比单个系统直埋要高出很多,因此,无论管理部门、企业部门基本都没有能力承担如此高昂的费用。日本在神奈川 15 号高速道路下所建共同沟经费负担为:道路部门 38.9%,供水企业 11.1%,排水 6.4%,煤气 8.5%,其他 35.1%。

(3) 我国大多城市基础设施投资比重比较低,这也是现阶段城市比较落后的表现,据童林旭教授统计分析,在 20 世纪 50 年代城市基础设施占总投资比重为 30%~40%,70 年代为 45%~50%(前苏联和东欧);发达和西方国家在 90 年代达 75%,我国北京在 80 年代约占 38.5%,一些资料研究认为我国在 35% 比较适当。这说明综合管线廊道建设在我国起步仍然很困难。

3. 城市地下空间总体规划的关键问题

地下空间开发利用纳入城市建设中的关键问题应表现为如下几点。

(1) 城市中地下空间规划应为点、线、面的结合。点即城市繁华区中心的地下综合设施,线即通过地下交通网络进行连通,面即新城、旧城、交通、公共场所等各种类型功能的地下空间进行整体规划,并根据当时的承受力状况规划近期、中期、远期的地下空间开发利用程度。

(2) 规划中以地下交通工程为依托、连接各个中心的地下综合体。地下综合体包括出入口、连通口、通道、车站、广场、地下商业街、地下车库、步行街等,根据多种因素综合体规模及功能可大可小,通常地下铁道车站与综合体组合,然后连接若干个综合体。

(3) 地下空间规划中尽可能考虑市政管网廊道建设的可能性,如条件限制不能建设也要从将来建设的角度去规划。因为随着城市地下空间的开发,社会化程度的提高,市政管线廊道的建设是必然的趋势,否则将不能满足城市集约化的水平。

(4) 城市繁华地段地下空间规划的主要单体建筑内容以地下商业街、地下铁道、地下停车场、下沉式休闲广场、立交公路及快速公路为主,且各单体又有独立的单体规划与设计。

(5) 在城市非繁华区的安静地段如条件允许可考虑规划地下居住建筑,该建筑应以半地下和覆土式为主,避免全埋式居住建筑,因为全埋式居住建筑就目前的技术水平来说,很难达到与地面建筑空间环境相同的水准,同时,自然景观是居住者最需要的,而全地下住宅达不到这一点。地下、半地下式的居住建筑的采光、通风、绿化可通过采光井、窗及下沉式广场解决。

(6) 地下空间建筑规划要考虑到室内外环境,这就需要光、声、热、风等环境的形成,使使用者感到如同地面空间一样。同时还要考虑到防灾减灾及对战争的防护等级抗力要求,把地下空间规划同城市建设、人防建设有机结合起来。在和平时期,地下空间作为城市空间的组成部分,在战时,经过临时加固即可形成具有一定防护等级的地下掩蔽、疏散中心。

第三章　城市地下街设计

第一节　城市地下街的涵义、发展及规划原则

城市地下街是城市建设发展到一定阶段的产物,也是在城市发展过程中所产生的一系列固有矛盾状况下解决城市可持续发展的一条有效途径。城市地下街建设的经验告诉人们,城市空间容量饱和后向地下开发获取空间资源,可解决城市用地紧张所带来的一系列矛盾,同时,地下街也承担了城市所赋予的多种功能,是城市的重要组成部分。伴随着地下街建设规模的不断扩大,将地下街同各种地下设施综合考虑,如地铁、市政管线廊道、高速路、停车场、娱乐及休闲广场等与地下街相结合,形成具有城市功能的地下大型综合体,它是地下城的雏形。由地下交通设施连接而成的若干地下综合体,即是地下城市的初级阶段。

一、城市地下街涵义

地下街的出现是因为与地面商业街相似而得名。它的发展是由最初的地下室改为地下商店或由某种原因单独建造地下商店而出现的。由于地下室或地下商店规模很小,功能单一(主要为购物),没有交通功能,就不能形成"街"所有的综合功能,因而也就不能称其为地下街。

下面是有关地下街的涵义。

日本建设省的定义为:"地下街是供公共使用的地下步行通道(包括地下车站检票口以外的通道、广场等)和沿这一步行通道设置的商店、事务所及其他设施所形成的一体化地下设施(包括地下停车场),一般建在公共道路或站前广场之下。"劳动省的定义为:"地下街是在建筑物的地下室部分和其他地下空间中设置的商店、事务所及其他类似设施的连接,即把为群众自由通行的地下步行通道与商店等设施结为一整体。除这样的地下街外,还包括延长形态的商店,不论其布置的疏密和规模的大小。"

我国有些专著这样定义:"修建在大城市繁华的商业街下或客流集散量较大的车站广场下,由许多商店、人行通道和广场等组成的综合性地下建筑,称地下街"(《城市地下工程》,科学出版社,1996),也有称"地下综合体"等。

上述定义中,表述了地下街应包含这样一些内容:首先,必须有步行道或车行道;其次,要有多种供人们使用的设施;其三,要具有四通八达或改变交通流向的功能。不同之处是有的定

义包含了建筑物的地下室部分。

开发地下街的主要目的是把地面街设在地下,解决繁华地带的交通拥挤和建筑空间不足的问题。从历史演变过程看,随着功能变化,其涵义也在改变,地下街功能的增加即演变为城市地下综合体。

在这里我们根据上述各种定义综合为:城市地下街(地下综合体)是建设在城市地表以下的,能为人们提供交通、公共活动、生活和工作的场所,并相应具备配套一体化综合设施的地下空间建筑。

城市地下街具体可划分为地下商业街、地下娱乐文化街、地下步行街、地下展览街及地下工厂街等等。目前建设较多的为地下商业街和文化娱乐街,其他各种类型地下街不久也会出现。随着城市地下空间建设规模的发展,把各种类型地下街与其他各种地下设施进行组合并连接起来,将发展为"地下城"。

二、地下街的发展

地下街最先起步在日本,而其真正成熟阶段在 20 世纪 50 年代前后。1952 年,日本东京中心银座地区建设了三原桥地下街;1955 年,建成浅草地下街;以后的几十年中,日本地下街逐年上升(图 3 - 1),仅东京就有 14 处,总面积达 22.3 万 m²,名古屋有 20 余处,总面积达 16.9 万 m²,日本各地大于 1 万 m² 的地下街总计 26 处。

我国地下街近年也有较大的发展,目前全国大中城市大多开发了商业性质的地下街,并兼做步行街。哈尔滨秋林地下街现已开发有 9 万 m²,上海市人民广场地下街有 5 万 m²,桂林、大连、沈阳、石家庄、武汉、成都、西安等地都建有相当规模的地下街。

可以预计,随着城市规模的扩大,地下街将成为城市可持续发展的一种重要模式。今后地下街的类型或功能还会增加,由"街"相连成"城"也会在不久的将来出现。目前日本东京地下街已经具备了"地下城"的雏形。

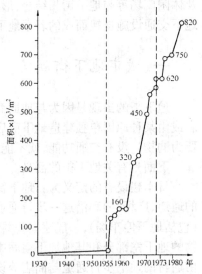

图 3 - 1　日本地下街建设发展趋势

三、城市地下街的规划原则

1. 城市地下街应建在城市人流集散和购物中心地带

地下街具有交通、购物或文化娱乐、人流集散等功能,所以它必须设在人流大、交通拥挤,也就是所谓繁华地带的地下,这样才可以起到使人流进入地下,解决交通拥挤的局面,同时又能满足人们购物或文化娱乐的要求。地下街的开发与地面功能的关系应以协调、对应、互补为原则。

例如,哈尔滨市南岗区是哈尔滨市的文化、艺术、行政中心,而博物馆至秋林一带是商业和艺术中心,地理位置为"黄金"地段。该地段地下土质良好,在地下 25 m 深处拟建地下铁道,全市交通在此集散,地面有 10 家超大型百货商场以及大型书店、邮政、文化艺术馆、大型旅行社等。在东大直街和奋斗路段规划的地下商业街(国贸城)和地面环境是吻合的。地下街经营中、高档商品,经济效益和社会效益显著,这种规划属于对应协调布局。

2. 地下街要同其他地下设施相联系,形成地下城

地下街一旦同地面建筑物、地面及地下广场、地下铁道车站、地下车库等其他地下设施相联系,就会形成多功能、多层次空间(竖向和水平)的有机组合,形成地下综合体。综合体是地面城市的竖向延伸,是"地下城"规划的一个重要组成部分。

例如,哈尔滨东大直街地下街既和各大百货公司、博物馆广场地下立交桥、红博广场地下阳光大厅相联系,在底层又和拟建地铁车站相通。

3. 地下街规划应同城市总体规划相结合,并应考虑人、车流量和交通道路状况

目前的地下街大多是在旧城区改造或在原有地下人防工程的基础上建设的,是由地面拥挤而开发建设的,因此,地下街建设要研究地面建筑物性质、规模、用途,以及是否有拆除、扩建或新建的可能,同时也要考虑道路及市政设施的中远期规划状况。地下街建设应结合地面建筑的改造、地下市政设施及立交或交叉路的道路交通及人、车流量等因素进行。

4. 地下街规划应按国家和地方有关城建法规及城市总体规划进行

国家和地方政府颁布的有关法规是建筑工程规划的指导性文件,考虑了近、中、远期国家、地方、部门发展趋势及利益,必须依照执行。城市总体规划是根据社会对城市的需求、要求而设计的城市发展规划,考虑了城市系统间的相互协调关系等多方面因素。地下街规划应是城市规划的补充,应与城市规划相结合。

5. 地下街规划应考虑保护其范围内的古物与历史遗迹

古建筑或古物、古树等是历史遗留下来的宝贵财富,应按国家或当地文物保护部门的规定执行。地下街建设是保护城市历史及环境的好方法,因为,城市是用石头筑成的历史书,它应保护有价值的建筑及街道。有价值的街道不能用明开挖法建造地下街。

6. 地下街规划要考虑发展成地下综合体的可能性

由地下街建设的经验得知,地下街的扩建是必然的,如果规划不合理会使地下街变得十分不规整,内部通道系统布置也非常复杂,容易造成灾害隐患,给地下设施管理造成混乱。图3-2为名古屋车站的地下街群,由 1957~1976 年间陆续修建的 9 处地下街,17 个大型建筑的地下室和 3 个车站及地下商场连接而成,除叶斯卡地下街较规整外,其余大部分的平面空间关系相当曲折、混乱。图3-3为东京副都心之一的池袋站,东口和西口地下街是在 1957 年和 1965 年分期建设连成一体的,几经发展,内部空间布局很复杂。这些地下街在正常情况下,熟

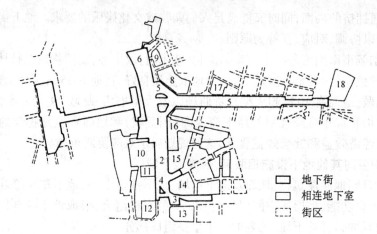

图 3-2　名古屋车站地下街总平面

1—名古屋站地下街;2—名古屋地下街;3—新名地下街;4—近铁东海地下街;
5—大名古屋地下街;6—特明那地下街;7—叶斯卡地下街;8—大名古屋大厦;
9—东洋大厦;10—名铁百货店;11—近铁大厦;12—住友银行;
13—新名古屋大厦东楼;14—新名古屋大厦北楼;15—丰田大厦;
16—每日新闻社;17—堀内大厦;18—大东海大厦;

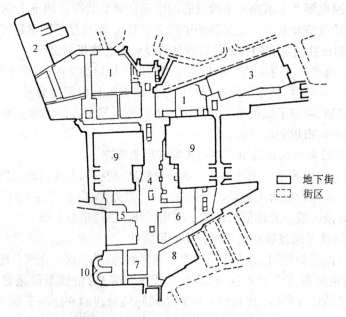

图 3-3　池袋东口、西口地下街总平面

1—池袋地下街;2—三越百货店;3—西武百货店;4—换乘大厅;5—东武会馆新馆;
6—东武会馆;7—东武霍普中心;8—东武会馆分馆;9—连接通道;10—车库坡道;

悉的人不靠指示牌也很难辨别方向,在突发性灾害情况下,极易发生混乱,后果十分危险。

地下街的建设是地下综合体的第一阶段,在此基础上有可能扩大规模,建设其他地下设施并与之组合。

第二节　城市地下街的规划设计

地下街通常规划于城市的繁华交通中心,特殊情况下也有不在城市繁华区的情况。目前所建设的地下街多数为地下商业或文化娱乐型。在日本,地下街的功能主要是解决交通问题,即解决人、车流划分和车辆存放问题。我国开发地下街从规划开始就选择在繁华商业中心或车站广场等地。如上海地下街设在人民广场,哈尔滨地下街设在站前广场和秋林商业中心,石家庄商业街设在站前广场。从目前建设的状况上分析,地下商业街大多建在地面广场和商业中心街道地下。

作为一种综合性地下设施——地下街的开发在我国尚属起步阶段,城市浅层(0~30 m)地下空间体系正在开始建设,所以,统一规划,研究近、中、远期发展模式及初、中、高档次是地下综合设施(地下综合体)十分关键的课题。

一、城市地下街规划的主要影响因素

城市地下街需按街道走向,每隔一定距离设置出入口,在交叉口附近也要设置出入口,规划受地面、地下、环境、道路的多种影响,具有以下几点因素:

(1)考虑地面建筑、绿化及交通等设施的布置。

(2)考虑地面建筑的使用性质、地下管线设施、地面建筑基础类型及地下室的建筑结构因素。

(3)考虑地面街道的交通流量、公共交通线路、站台设置、主要公共建筑的人流走向、交叉口的人流分布与地下街交通人流的流向设计。

(4)考虑该地段的防护、防灾等级、战略地位,以便规划防灾防护等级。

(5)考虑地下街的多种使用功能(如是否有停车场)与地面建筑使用功能间的关系。

(6)考虑地下街的竖向设计、层数、深度及扩建方向(水平方向的延长,垂直方向的增层)。

(7)考虑与附近公共建筑地下部分及首层的联系,与地铁或其他设施的联系,与地面车站及交叉口之间的联系。

(8)考虑设备之间的布置,水、电、风和各种管线布置及走向,与地面联系的进排风口形式等。

二、城市地下街的规划设计

城市地下街规划平面类型按地面街道形式分类有"道路交叉口型"、"中心广场型"、"复合型"三种；按规模分类有小型(小于 3 000 m²)、中型(3 000～10 000 m²)、大型(大于 10 000 m²)三种；按使用功能分类有"地下商业街"、"地下文化娱乐街"、"地下工厂街"、"地下多功能街"等几种，可由地下街的使用特性去命名。

目前，由于地下街的发展尚在初期阶段，各国的地下街建设主要考虑解决地面交通拥挤状况及人们对空间需求等，使地下街大多具有商业、文化娱乐、停车等功能。地面街道类型及城市状况对地下街规划确实起着十分重要的影响因素，地下街可按下述分类。

1. "道路交叉口型"地下街

"道路交叉口型"地下街多数处在城市中心区较宽阔的主干道下，平面大多为"一"字型或"十"字型。目前建设的地下步行街多为商业功能，其特点是地面交叉口处的地下空间也相应设交叉口，并沿街道走向布置，同地面有关建筑设施相连，出入口的设置应与地面主要建筑及同小交叉口街道相结合，以保证人流的上下。

图 3 - 4 为哈尔滨市东大直街地下步行商业街设计实例。该例为"道路交叉口型"规划。该地下步行商业街早期为秋林地下商店，然后发展为秋林与奋斗路地下步行过道连接形成了一期地下街工程；向向奋斗路方向扩展，形成二期地下街工程；三期工程扩展至博物馆方向并同博物馆地下立交桥相联系，在地下街通道内通往立交桥的地下设有去往其他方向的交通转乘站。该地下街共两层，并同秋林公司、秋林商厦地下室及地面相连接。该地下街主要沿道路走向布置，与交叉口、立交桥连通并设置出入口，解决了繁华地带人流、车

图 3 - 4　哈尔滨市东大直街地下商业街
1——期；2—二期；3—三期；4—四期；
5—步行过街；6—立交广场

流混杂的局面，满足了人们购物、娱乐的要求。图 3 - 5 所示为日本罗莎、奥罗拉、三宫地下街，也均属此种类型。

图 3 - 6 所示为重庆市"道路交叉口型"地下街，全长 723 m，总建筑面积 2.8 万 m²，位于市中心区解放碑闹市区，它由地下商业街、地铁、地下食品街、地下娱乐街、地下旅店街组成。

2. "中心广场型"地下街

此种类型地下街通常是城市交通枢纽，如火车站及中心广场地下，并同车站首层或地下层相连接，若为广场，除与各道路出口相连之外，还可以设下沉式露天广场，供人们休息用。由于此种地下街的地面较开阔，常形成大空间，既便于交通，又能购物或娱乐，同时还有休息空间。

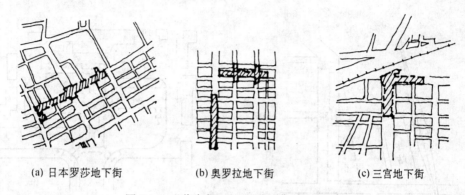

(a) 日本罗莎地下街 　　(b) 奥罗拉地下街 　　(c) 三宫地下街

图 3-5 "道路交叉口型"地下街总图(日本)

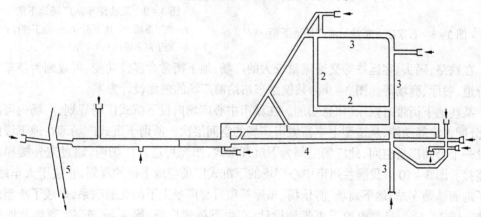

图 3-6 重庆市地下街

1—地下商业街;2—地下娱乐街;3—地下食品街;4—地下旅店街;5—地铁

广场型地下街平面规划类型常为矩形,地面客流量大、停车量大,常起分流作用,也常同地下车库相连接。如我国上海人民广场地下街就有 1 万 m² 的地下商业街和 4 万 m² 的地下停车库,并同地铁相通(图 3-7)。

石家庄火车站广场结合旧城改造建成了 5.5 万 m² 地下商业街。该地下街有三个功能,首先是缓解站前交通问题,二是解决存车难的问题,三是设置配套商业服务、完善服务设施。地下街分二期建设,一期工程 1.3 万 m²,二期工程双层 4.2 万

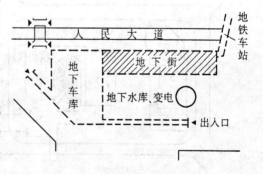

图 3-7 上海人民广场地下街

m²,每个工程为一完整的"车站、广场"型地下街,其间用 480 m 长的通道连接。地下街采用 6.6 m×6.6 m 柱距,双层部分地下二层为车库、贮水库、污水池、发电机等(图 3-8)。

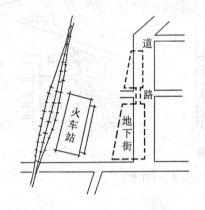

图3-8　石家庄火车站站前广场地下街

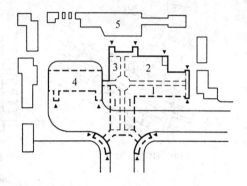

图3-9　某铁路车站广场地下街
1—地下商场；2—地下旅馆；3—地下餐厅；
4—地下停车场；5—火车站

在铁路、码头、客运站等交通流量较大的广场，地下街常含多种功能，可规划为停车、住宿、步行道、餐厅、商场等。图3-9为某铁路车站站前广场的规划设计方案。

某些地下街带有娱乐、休息功能。在城市中心广场内设下沉式广场规划，广场内可用于休息、分配人流等功能，从造型上丰富城市广场的空间层次。所谓下沉式广场即在地下设施交汇处设一个公共广场空间，此广场空间为下沉开敞式，阳光可进入广场内，通过室外楼梯与地面相连接。图3-10为我国兰州市中心广场的下沉式广场与地下街的规划，它位于火车站前，考虑了地面铁路车站、地下商场、游乐场、车库等项目与广场上下的交通联系，形成了小型地下综合体。图3-11为自贡市地下街规划设计，它由下沉式广场、娱乐场、车库、商场及地铁组合成。

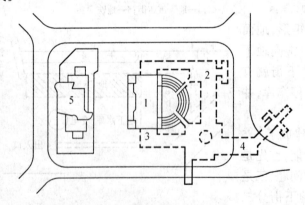

图3-10　兰州市中心广场地下街
1—下沉式广场；2—地下娱乐场；
3—茶室；4—商场；5—地面车站

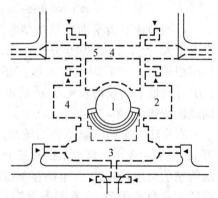

图3-11　自贡市站前广场地下街
1—下沉式广场；2—游乐场；
3—车库；4—商场；5—地铁车站

图 3-12 为日本东京都川崎市川崎站阿捷利亚地下街,该地下街由能存 380 台车的车库、135 个店铺、阳光广场及地下通道组成,总建筑面积 56 916 m²。它把车站地下、道路、广场、交通、娱乐、购物全部综合在一起,形成大型地下街。

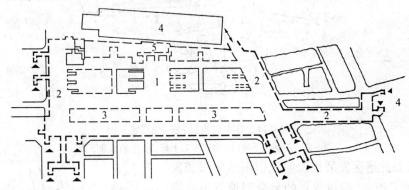

图 3-12　日本东京阿捷利亚地下街
1—阳光广场;2—通道;3—营业;4—地面川崎站;5—防灾中心

3."复合型"地下街

"复合型"地下街是指"中心广场型"与"道路交叉口型"地下街的复合。这种地下街常常是分期建造,工程规模较大,需要很长时间才能完成。几个地下街连接成一体的复合型地下街带有"地下城"意义,这样的地下街能在交通上划分人流、车流,同地面建筑连成一片,与"中心广场(含车站广场)"相统一,与地面车站、地下铁路车站、高架桥立体交叉口相通;在使用功能上又有商业、文化娱乐、体育健身、食品、宾馆等多种功能。这样的多层地下街由于与地面打通,很难分清哪一个标高为地面表层位置。

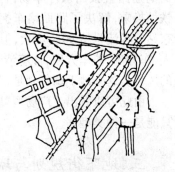

图 3-13　日本横滨地下街规划
1—戴蒙德地下街;2—波塔地下街

"复合型"地下街基本上以广场为中心沿道路向外延伸,通过地下通道与地下室相连,因而形成整体地下街。

图 3-13 为日本横滨站地下街,它有东口和西口两个地下街。东口建筑面积 40 252 m²,设有 250 个车位的车库及 120 个店铺;西口建筑面积 38 816 m²,设有 362 个车位的车库及 154 个店铺。东口、西口两个地下街规划在车站东西两侧,它把立交、铁路出站、停车有机联系在一起。

日本名古屋地区的 9 处地下街、17 个大型建筑的地下室和 3 个车站的地下室相连的格局,从 1957 年建造开始,一直到 1976 年才形成此种局面,19 年间并没有一开始就如此规划,比如建地下室并未考虑到建地下街,也可能是由于城市的发展状况也存在很难预料的甚至无法预料的原因,尽管不规整、曲折,但这种地下街属于"复合型"(图 3-14)。

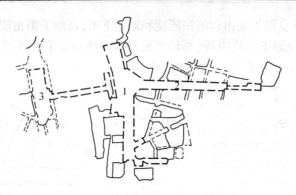

图 3 - 14　日本名古屋"复合型"地下街

1—名古屋站地下街;2—名古屋地下街;3—叶斯卡地下街

　　地下街如此迅猛发展也说明城市用地紧张和拥挤状况达到了极点,经过规划的复合型地下街就能在城市中有较完善的景观,也有利于人、车的分流,便于使用。图 3 - 15 为日本东京站附近的复合型地下街规划,该地下街是八重洲路地下街,建于 20 世纪 60 年代,总建筑面积 6.6 万 m²,沿八重洲路方向有 150 m 长,共 215 家商店,二层有可停放 570 台车的车库,三层为 4 号高速公路及管线廊道。汽车可由地下街高速路直接出入停车场,行人可通过步行道到地铁站换乘,解决了路面堵车拥挤现象。所以尽管东京站日客流量达 90 万人次,但街道上交通秩序井然,人、车分流,停车方便,环境清新,体现了现代大都市的风貌。这个地下街规划是很成功的。

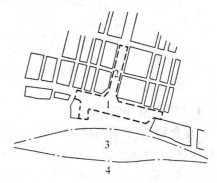

图 3 - 15　东京站"复合型"地下街

1—广场地下街;2—八重洲地下街;
3—铁路;4—旧站前广场

　　由此可以看出,"广场型"地下街较易规划成"复合型",而"道路交叉口型"如没有中心广场只能是一种类型。

三、地下街规划与城市发展的矛盾

　　由前述可以看出,地下街发展与城市发展的关系,城市越是拥挤,地下街建设规模就越大,所以,地下街是城市发展的必然趋势。日本的地下街建设从三个方面为我们提供了可借鉴的经验。

　　(1) 日本地下街多由地下室连通起来,且作为重要组成部分。日本建筑大多带地下室,地下室由通道连接起来形成一片地下建筑系统。我国目前同日本情况不同,我国城市繁华中心区同日本相比,矛盾略小,且地下室也没有整片连接作为地下街的一个组成部分,只有部分新建或旧有建筑地下室相连。如哈尔滨秋林地下街与秋林商店及新建秋林商厦地下层相通。

(2) 日本地下街大多设停车场,且停车场规模都很大,这说明大城市在发展中汽车增多是必然趋势。汽车工业推动了交通道路的改进,无论是广场、街道都必须考虑机动车行驶与停放的问题。我国地下街在这方面的矛盾显然没达到十分突出的状况。我国私人车的现状类似日本的 20 世纪 60 年代初期。但目前由于我国处在经济高速发展期,城市高楼林立,道路拥挤,机动车无法畅行,行车难,堵车严重,存车更难的现象已经发生。下一步我国轿车将很快进入家庭,城市的人流、车流混杂、交通拥挤现象会更加严重。因此,开发地下步行街同地下车库结合起来,是解决这一矛盾的有效手段。

(3) 日本地下街建设大多为多层,有的设置高速公路并同停车场相连接,用以分流地面车辆,减轻路面负担。地下空间规划高速公路,在我国地下街建设中尚未考虑,可以预言,在未来的十年内,我国大中城市机动车在地面是容纳不下的,必须开发高架或地下公路,因而势必在规划中考虑行车分流的可能性。

另外,日本地下街规划不周的实例也为我们提供了另一方面的经验。所以,地下街必须从交通、使用、发展远景统盘进行、分期建造,重要之点仍然是交通(人、车流向)与停车问题。总之,地下街的建设对解决城市拥挤状况无疑是一种优秀方案,人们可利用地下空间资源为人类服务。

第三节　城市地下街的建筑设计

地下街的主要功能和作用是缓解由城市繁华地带所带来的土地资源的紧缺、交通拥挤、服务设施缺乏的矛盾。广义来讲,它包括的内容比较多,有许多不同领域、不同功能的地下空间建筑组合在一起,但就目前实践的状况看,地下街主要有以下几个部分组成。

(1) 地下步行道系统,包括出入口、连接通道(地下室、地铁车站)、广场、步行通道、垂直交通设施、步行过街等。

(2) 地下营业系统,如商业步行街、文化娱乐步行街、食品店步行街等等,设计可按其使用功能性质进行。

(3) 地下机动车运行及存放系统,地下街常配置地下停车场及地下快速路,使地面车辆由通道转快速路后可通过,也可停放在车库。快速路和步行道不宜设在同一层。虽然在同层设置的实例也有,即像地面街道一样,中间为机动车,两侧为步行道,但污染严重,此种状况应加避免。

(4) 地下街的内部设备系统,包括通风、空调、变配电、供水、排水等设备用房和中央防灾控制室、备用水源、电源用房。

(5) 辅助用房,包括管理、办公、仓库、卫生间、休息、接待等房间。

一、地下街功能分析及组成

1. 地下街功能分析

从规模上划分地下街的功能组成有很大差别,小型地下街功能较单一,仅有步行道和商场及辅助管理用房,而大型地下街则包含公路及停车设施、相应防灾及附属用房。小型、中型及大型地下街的功能分析图,如图 3 – 16 所示。

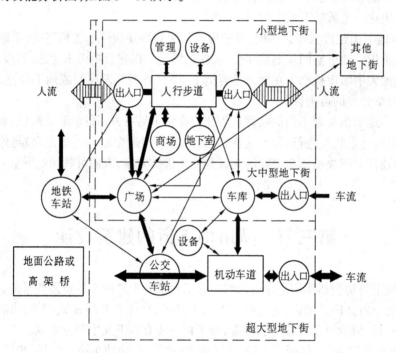

图 3 – 16 地下街功能分析图

由功能分析图可以看出,超大型地下街是一个人流、车流、购物、存车的综合系统,且人流可由地下公交、地铁换乘,这种地下街就是目前所称的地下综合体。

2. 地下商业街的组成

地下街规划研究涉及的专业面很广,如道路交通、城市规划、建筑设备、防灾防护等,而地下街某一组成部分情况也有差异,一般中小型地下商业街主要有步行道、出入口、商场及附属设施组成。从日本地下商业街建设经验反映出的各主要组成部分的比例关系如表 3.1 所示,其内容为日本几个地下街各部分组成。

表 3.1　日本 6 大城市地下街组成比例

建造年代	城市	总建筑面积/m²	步行道		商店		停车场		机房等	
			面积/m²	%	面积/m²	%	面积/m²	%	面积/m²	%
1964	横　滨	89 662	20 047	22.4	26 938	30.0	34 684	38.7	7 993	8.9
1965	神　户	34 252	9 650	28.2	13 867	40.5	—	0	10735	31.3
1973	大　阪	95 798	36 075	37.6	42 135	44.0	—	0	17 588	18.4
1974	名古屋	168 968	46 979	27.8	46 013	27.2	44 961	26.6	31 015	18.4
1974	东　京	223 083	45 116	20.3	48 308	21.6	91 523	41.0	38 135	17.1
1980	京　都	21 038	10 520	50.0	8 292	39.4	—	0	2 226	10.6

注:清华大学童林旭教授统计分析。

　　由表 3.1 中数值可以看出,名古屋三大部分比例约各占 1/3;年代越早,则商场面积所占比例越大,且基本没有车库。日本于 1973 年以后的建设标准做了如下规定:地下街内商店面积一般不应大于公共步行道面积,同时商店与步行道面积之和应大致等于停车场面积,也可用公式表示,即

$$A \leq B \tag{3-1}$$

$$A + B \approx C \tag{3-2}$$

　　式中　A——商店面积;

　　　　　B——步行道面积;

　　　　　C——停车场面积。

　　我国现在仍无统一标准,基本上参考国外经验并按我们的具体情况执行。

　　地下街在规划上要考虑是否规划停车场,而在设计上却要考虑两种截然不同的使用功能。至于地下高速路是否与地下街整体考虑,虽说在管理上也许不能统一,但在设计上需要两个专业的极密切配合才能完成,它还涉及到地面及高架公路的连接技术。

　　地下商业街分为以下几个主要组成部分:

　　(1) 交通面积　交通面积在步行式商店中比较清楚,为了分析方便起见,厅式商店中两柜台间距扣减 1.2 m 为交通面积。这里主要指步行街式商店的交通面积。

　　(2) 营业用房面积　步行街式商店营业部分为一个个店铺与街连通。此面积主要指营业间内面积。

　　(3) 辅助用房面积　辅助用房主要有仓库、机房、行政管理用房、防灾控制中心用房、卫生间等。

　　(4) 停车场面积　见地下车库设计。

　　地下商业街内的营业面积与经济效益有关,在通常情况下,营业面积越大,经济效益就越

高,反之则低。

地下街中商业各组成部分的面积所占比例,见表3.2。

表3.2　地下街中商业各组成部分的面积比例

地下街名称		总建筑面积	营业面积		交通面积		辅助面积
			商　店	休息厅	水　平	垂　直	
东京八重洲地下街	m²	35 584	18 352	1 145	11 029	1 732	3 326
	%	100	51.6	3.2	31.0	4.9	9.3
大阪虹之町地下街	m²	29 480	14 160	1 368	8 840	1 008	4 104
	%	100	48.0	4.6	30.0	3.4	14.0
名古屋中央公园地下街	m²	20 376	9 308	256	8 272	1 260	1 280
	%	100	45.7	1.3	40.6	6.1	6.3
东京歌舞伎町地下街	m²	15 637	6 884	–	4 114	504	4 235
	%	100	44.0	–	25.7	3.2	27.1
横滨波塔地下街	m²	19 215	10 303	140	6485	480	1 087
	%	100	53.6	0.8	33.7	2.5	9.4

注:清华大学童林旭教授统计分析。

由上表看出,地下街中营业面积平均占总建筑面积50.6%,交通面积占总建筑面积36.2%,辅助面积占总建筑面积13.2%,它们之间的比值约为15∶11∶4或简化为4∶3∶1。

3. 地下商业街功能分析图

地下商业街功能分析图,如图3-17所示。

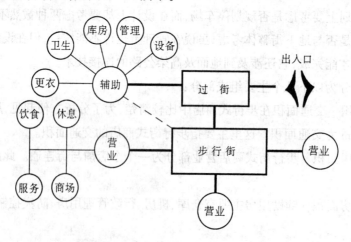

图3-17　地下商业街功能分析图

二、地下商业街的建筑空间组合

空间组合涉及的因素很多,牵涉的面也很广,这里只能就主要影响因素谈一下组合特点。

1. 组合原则

(1) 建筑功能紧凑、分区明确　在进行空间组合时,要根据建筑性质、使用功能、规模、环境等不同特点、不同要求进行分析,使其满足功能合理的要求。此时可借助功能关系图进行设计(图3-18)。

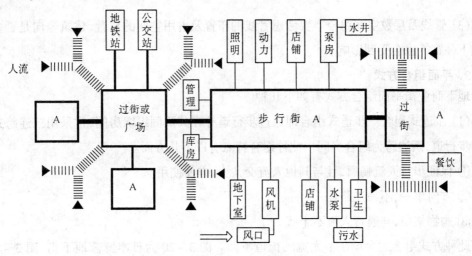

图3-18　地下商业街功能关系图

功能关系图中主要考虑人员流线的关系,通常有"十"字型地下步行过街(日本常做成休息广场)及普通非交叉口过街。地下街很重要的是人流通行,所以人流通行是地下街主要的功能。在步行街两侧可设置店铺等营业性用房。在靠近过街附近设水、电、管理用房。库房和风井则可根据需要按距离设置。

(2) 结构经济合理　地下街结构方案同地面建筑有差别,常做成现浇顶板,墙体、柱承重,没有外观,只有室内效果。

地下街结构主要有三种型式,见图3-19。

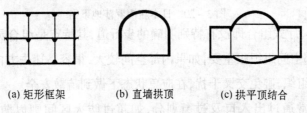

(a) 矩形框架　　　　(b) 直墙拱顶　　　　(c) 拱平顶结合

图3-19　结构型式

一是直墙拱顶,即墙体为砖或块石砌筑,拱顶为钢筋混凝土。拱形有半圆形、圆弧形、抛物线形多种型式。此种型式适合单层地下街。

二是矩形框架,此种方式采用较多。由于弯矩大,一般采用钢筋混凝土结构,其特点是跨度大,可做成多跨多层型式,中间可用梁柱代替,方便使用,节约材料。

三是梁板式结构,此种结构顶、底板为现浇钢筋混凝土结构,围墙为砖石砌筑。

具体采用何种结构类型应根据土质及地下水位状况,建筑功能及层数、埋深、施工方案来确定。

(3) 管线及层数空间组合　要考虑管线的布置及占用空间的位置,建筑竖向是否多层,如有地下公路等也会受到影响。

2. 平面组合方式

地下商业街平面组合方式有如下几种。

(1) 步道式组合　步道式组合即通过步行道并在其两侧组织房间,常采用三连跨式,中间跨为步行道,两边跨为组合房间。此种组合特点有以下几方面。

① 保证步行人流畅通,且与其他人流交叉少,方便使用。

② 方向单一,不易迷路。

③ 购物集中,与通行人流不干扰。

此种方式组合适合设在不太宽的街道下面。图 3-20 为日本罗莎地下街,图 3-21 为哈尔滨秋林地下街,均为步道式组合。图 3-22 为步道式组合的几种类型。

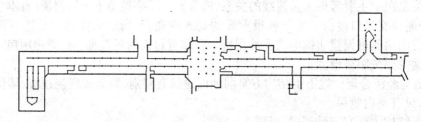

图 3-20　日本新泻罗莎地下街

(2) 厅式组合　厅式组合即没有特别明确的步行道,其特点是组合灵活,可以通过内部划分出人流空间,内部空间组织很重要,如果内部空间较大,很容易迷失方向,类似超级商场。应注意的是人流交通组织,避免交叉干扰,在应急状态下做到疏散安全。

厅式组合单元常通过出入口及过街划分,如超过防火区间则以防火区间划分单元,图

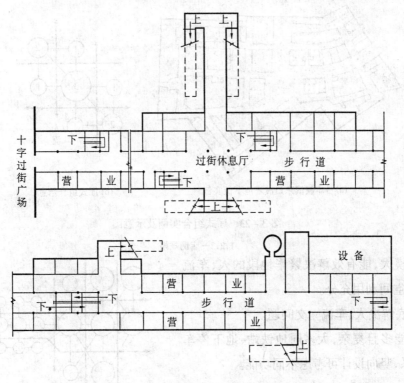

图 3 – 21　哈尔滨秋林地下街上层平面(步道组合式)

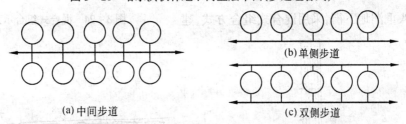

(a) 中间步道　　　　　　　　(c) 双侧步道

图 3 – 22　步道式组合的几种形式

3 – 23为日本横滨东口广场厅式布局地下街,建造于 1980 年,总建筑面积 40 252 m²,商业规模为 120 个店铺,建筑面积 9 258 m²,地下二层能存 250 台车的车库。我国石家庄站前广场地下街也为厅式组合。

(3) 混合式组合　混合式组合即把厅式与步道式组合为一体。混合式组合是地下街组合的普遍方式。其主要特点是:

① 可以结合地面街道与广场布置。

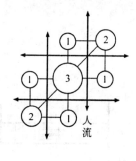

(a)日本横滨东口波塔地下街实例 (b)厅式组合示意

图 3-23 厅式组合实例及示意图

1.2.3—店铺规模

② 规模大,能有效解决繁华地段的人、车流拥挤,地下空间利用充分。

③ 彻底解决人、车流立交问题。

④ 功能多且复杂,大多同地铁站、地下停车设施相联系,竖向设计可考虑不同功能。

图 3-24 为混合式组合示意图。图 3-25 为日本东京八重洲地下街,采用混合式组合方式,建

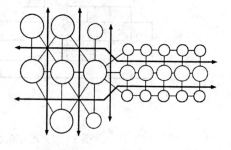

图 3-24 混合式组合示意图

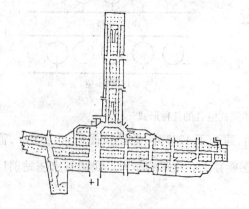
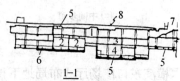

图 3-25 日本八重洲地下街混合式组合示意图

1—地下商业街;2—地下高速公路;3—停车场;4—变配电;

5—电缆廊道;6—下水道;7—出入口;8—地面

造于 20 世纪 60 年代,分两期,建筑面积为 66 101 m²,有 215 个店铺,车库容量为 570 个车位,有市政水、电廊道,并在地下二层设有市区高速公路,并能直接停在车库。

3．竖向组合设计

地下街的竖向组合比平面组合功能复杂,这是由于地下街为解决人流、车流混杂,市政设施缺乏的矛盾而出现的。地下街竖向组合主要包括以下几个内容:

① 分流及营业功能(或其他经营)。

② 出入口及过街立交。

③ 地下交通设施,如高速路或立交公路、铁路、停车场、地铁车站。

④ 市政管线,如上下水、风井、电缆沟等。

⑤ 出入口楼梯、电梯、坡道、廊道等。

随着城市的发展,要考虑地下街扩建的可能性,必要时应做预留(如共同沟等)。对于不同规模的地下街,其组合内容也有差别,其内容如下。

(1) 单一功能的竖向组合　单一功能指地下街无论几层均为同一功能,比如,上下两层均可为地下商业街(哈尔滨秋林地下街上下两层均为同一功能商业街,见图 3 – 26(a)所示)。

(2) 二种功能的竖向组合　主要为步行商业街同车库的组合或步行商业街同其他性质功能(如地铁站)的组合(图 3 – 26(b))。

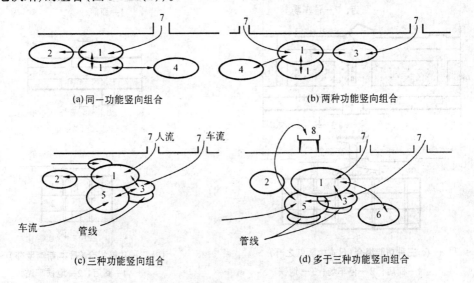

(a)同一功能竖向组合　　　　　　　　(b)两种功能竖向组合

(c)三种功能竖向组合　　　　　　　　(d)多于三种功能竖向组合

图 3 – 26　地下街多种功能竖向组合示意图

1—营业街及步行道;2—附近地下街;3—停车库;4—地铁站(浅埋);

5—高速公路;6—地铁线路(深埋);7—出入口;8—高架公路

(3) 多种功能的竖向组合　主要为步行街、地下高速路、地铁线路与车站、停车库及路面高架桥等共同组合在一起,通常机动车及地铁设在最底层,并设公共设施廊道,以解决水、电的敷设问题(图3-26(c)、(d))。

图3-27(a)为日本东京歌舞伎町地下街,由顶层步行道、商场及中层车库、底层地铁车站三种功能组合在一起。图3-27(b)为单一功能组合的日本横滨戴蒙德地下街,两层均为商场及步行道。图3-27(c)为三层三种功能组合的日本大阪虹之町地下街,顶层为步行道、商场;

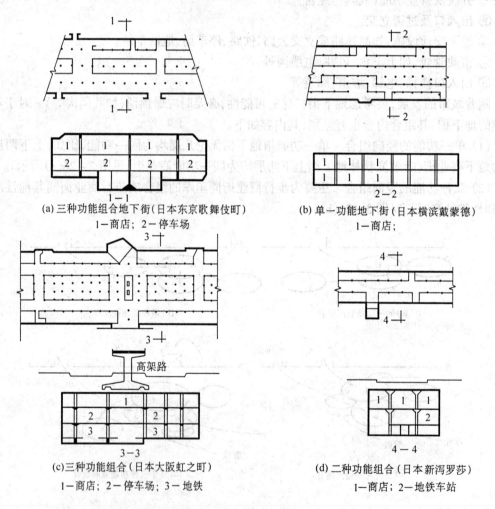

(a)三种功能组合地下街(日本东京歌舞伎町)
1—商店; 2—停车场

(b)单一功能地下街(日本横滨戴蒙德)
1—商店;

(c)三种功能组合(日本大阪虹之町)
1—商店; 2—停车场; 3—地铁

(d)二种功能组合(日本新泻罗莎)
1—商店; 2—地铁车站

图3-27　日本部分地下街竖向组合实例

中层为地铁中间站台,底层为地铁车站。图3-27(d)为两种功能组合的日本新泻罗莎地下街。顶层为步行道、商场,底层为地铁车站。

三、地下街的平面柱网及剖面

地下街平面柱网主要由使用功能确定,如仅为商业功能,柱网选择自由度较大,如同一建筑内上下层布置不同使用功能,则柱网布置灵活性差,要满足对柱网要求高的使用条件。

日本在设计地下街时,通常考虑停车柱网,因为 90°停车时最小柱距 5.3 m,可停 2 台,7.6 m 可停 3 台。日本地下街柱网实际大多设计为 $(6+7+6)$ m × 6 m(停 2 台)和 $(6+7+6)$ m × 8 m(停 3 台),这两种柱网不但满足了停车要求,对步行道及商店也是合适的。在设计没有停车场的地下街时通常采用 7 m × 7 m 方形柱网。

哈尔滨秋林地下街(图 3-28)采用的跨度是 $B_1 × B_2 × B_1 = 5.0$ m × 5.5 m × 5.0 m,距柱 $A = 6.0$ m,属于双层三跨式地下商业街。

地下街剖面设计层数不多,大多为 2 层,极少数为 3 层。层数越多,层高越高,则造价越高。因为层数及层高影响埋深,埋深大,则施工开挖土方量大,结构工程量和造价也相应增加。

一般为了降低造价,通常条件允许建成浅埋式结构,减少覆土层厚度及整个地下街的埋置深度。日本地下商业街净高一般为 2.6 m 左右,通道和商店净高有差别,目的是为了保证有一个良好的购物环境。图 3-28 中,秋林地下商业街顶层层高为 3.9 m,净高为 3.0 m,底层层高为 4.2 m,净高为 3.3 m。地下街吊顶上部常用于走管线,便于检修。关于地下铁道和停车场的标高另见有关章节。

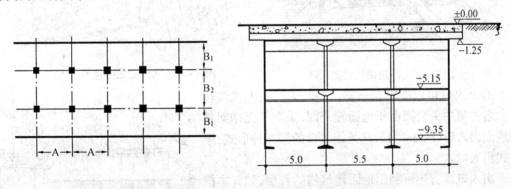

图 3-28　秋林地下商业街柱网尺寸及剖面图

第四节　地下建筑空间艺术

地下建筑的艺术主要指建筑的空间艺术。地下建筑与地面建筑不同之点是地下建筑没有外部造型,因而其空间组合艺术犹为重要。日本地下街在国际上享有声誉,除了它具备了开发地下资源这点之外,它的空间组合艺术是非常有特色的。下面从几个方面介绍空间设计艺术。

一、出入口处的处理

地下街出入口是由地面进入地下的必经之路,主要作用是交通、防火疏散,它是地面景观的一部分,同时也会影响到地下的效果。一个艺术的出入口不仅仅是一个艺术品,同时也会引导人们进入地下。出入口的艺术形式主要有以下几种。

街道或交叉口处的出入口由于地段狭窄,不宜过大,通常有两种处理手法。一种是棚架式独立出入口(图3-29)。日本大阪虹之町出入口设计成拱形玻璃雨罩,上有金属骨架,对面为彩色图案,很容易与"虹"联系起来,取得了一定的艺术效果(图3-30)。需要提出的是,人行

图3-29　街边棚架式出入口

图3-30　大阪虹之町地面出入口

道上的出入口可以取消挡雨架,这样,人行道上视线较好。名古屋中央公园由于地面较开阔,采取了无棚架式的地面出入口(图3-31),这是出入口的第二种形式,平卧式出入口。

出入口设置还可利用地面建筑物的首层,如日本横滨波塔街出入口直接在建筑旁设置,大阪虹之町地下街出入口开在天井内。

图3-32为设在街道中心的地下停车场出入口。图3-33为设在广场上的汽车出入口。

总结地下街出入口处理方式有棚架式、平卧开敞式、附属建筑式(图3-34)。各种出入口设置应根据出入口的位置并结合地段条件考虑。

图3-31　名古屋中央公园地面出入口

图 3 - 32　日本八重洲地下街车辆出入口

图 3 - 33　东京池袋地下街车辆出入口

出入口造型及设计的基本规律如下：

(1) 在交通道路旁宜设开敞式或棚架式出入口；

(2) 在广场等宽阔地区宜设下沉广场出入口，同时结合地面广场的环境改造；

(3) 在大型的交通枢纽及有大量人员出入的公共建筑中且用地紧张地段，宜设附属建筑出入口；

(4) 在考虑特殊用途时，如防护、通讯、维修、疏散等可采用垂直式、天井式、与其他地下空间设施相连接的出入口。

二、下沉式广场

下沉式广场是地下街常用的手法，出入口可直接在广场内解决。它可以打破地下空间的封闭感，把地下、地面空间及出入口巧妙地联系在一起。在城市部分广场地段内设计下沉式广场则丰富建筑空间，经过绿化、装饰及造型，很有艺术效果。

图 3 - 34　阿捷利亚地下街附建式出入口

1. 下沉式广场的功能及作用

如果说广场是城市的门厅，则下沉式广场是地下城市的门厅，是地面与地下空间的过渡。

下沉式广场的功能主要是为人们提供一个相对封闭的休息、娱乐的公共场所,担负地下空间建筑的出入口,避免了地下空间建筑出入口的狭小感觉,给人带来较宽敞的入口门面,类似地面建筑的入口形式。下沉式广场是伴随地下空间建筑而产生的,它把地面与地下空间巧妙地连接起来。总结下沉式广场的基本作用为:空间过渡,地下空间建筑的人流集散、休闲娱乐与观赏。

2. 下沉式广场的类型

下沉式广场可根据地段条件有多种类型,主要有圆形、矩形、不规则形三种,空间过渡可采用楼梯、自动扶梯、台阶、坡道等措施,剖面高度在 5 m 左右,一般不伸至地下二层。

3. 下沉式广场设计的特点

(1) 下沉式广场宜布置在城市中心广场、公园等人流集中的地带,通常不与地面交通相交叉。大型的下沉式广场常结合城市广场的地面规划进行,具有较强的环境艺术特征。

(2) 下沉式广场的首要功能是地面与地下空间过渡,伴随时间的推移,它的另一重要功能休闲娱乐也是十分重要的。

(3) 下沉式广场建设应同自然、文化艺术、人的心理与审美、城市人员应急转移相结合。

如日本东京新宿西口地下街以绿化为主的小型下沉式广场,游人置身其中,暂时摆脱地面的繁闹,给人以恬静的感受。新宿西口下沉式广场可以进行义务演出活动,受到人们的欢迎(图 3 – 35)。

图 3 – 35　东京新宿西口地下街的下沉广场

下沉式广场可设置流水、绿化、水池、喷泉。一般由室外楼梯或电梯进入,由下沉式广场可进入地下街的出入口。图 3 – 36 为京都波塔地下街的下沉式广场。图 3 – 37 为我国西安钟鼓楼广场地下街下沉广场出入口。图 3 – 38 为名古屋中央公园地下街下沉广场。

图 3 – 36　京都波塔地下街下沉广场

图 3 – 37　西安钟鼓楼地下街下沉广场

三、休息广场

由于地下街较长,每隔一定距离需设一个休息广场。在这一点上,日本地下街处理得很巧

图 3 – 38　名古屋中央公园地下街的下沉广场

妙。大阪虹之町地下街长 800 m，在该街内设计了 5 个休息广场，并以主题进行构思广场内的艺术效果，如："水之广场"、"绿之广场"、"光之广场"、"晶之广场"、"爱之广场"。位于地下街中部的"水之广场"利用喷水与灯光的相互作用和变化，形成两条人工彩虹，绚丽多姿，与地下街相呼应，成为该地下街的重要特征。图 3 – 39 的大阪虹之町地下街中的"水之广场"，图 3 – 40 的"光之广场"均为地下街休息广场的实例。

图 3 – 39　大阪虹之町地下街中的"水之广场"

图 3-40　大阪虹之町地下街中的"光之广场"

四、日本大阪地下街实例

日本大阪站前地下街是 1995 年建设的,为解决这一地区交通拥挤、混乱,人车混行的局面,在该地区规划了"复合型"地下街,以方便行人和车辆通行。地下顶层为地下街,下层为停车场,其主要设施见表 3.3。

表 3.3　大阪站前地下街功能面积

	功　能	面积/m²
地下街层(顶层)	四条路线地下街步道	12 800
	商　店	6 100
	长　廊	1 100
	防灾及设备间	1 900
	2 1900	计
停车场层(下层)	公共地下停车场(340 台)	7 900
	地下街停车场等	10 700
	计	18 600

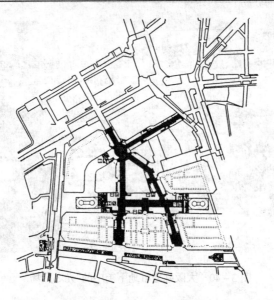

图 3-41　地下街顶层平面图

大阪地下街周边地区有大阪车站、阪急、阪神、梅田车站等交通枢纽,3 条地铁从此通过,外来人员不断增加,使停车设施不能满足需求。大阪中心地区为增强城市的功能,规划建造地下街。图 3-41 为地下街顶层平面规划,图 3-42 为下层的停车场。

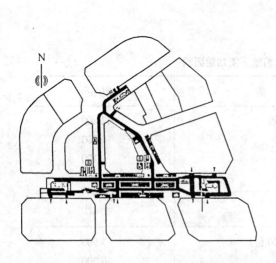

图 3-42　地下街底层平面图(车库)

图 3-43　地下街休息广场阳
光厅

大阪地下街设计考虑了自然光线的引入(图 3-43),在步行道及商店设计了多种吊顶及不同的光照明效果(图3－44(a)、(b)),在人行通道处分布着多种"风景"及文化特色的墙面,如电视新闻墙、回音壁等,行人用于触摸回音壁会出钢琴音乐声(图3－44(c)、(b))。

(a) 内景之一

(b) 内景之二

(c) 内景之三

(d) 内景之四

图3－44　名古屋中央公园地下街的下沉广场

第四章　地下停车场

第一节　概　述

地下停车场(underground parking)是城市地下空间利用的重要组成部分。目前大规模地下空间的开发均有停车场的规划,主要原因是城市汽车总量在不断增加,而相应停车场不足,城市汽车"行车难,停车难"的现象已十分普遍,这种现象在20世纪50年代是不存在的,但到了20世纪80年代,城市道路拥挤的矛盾却十分突出,充分利用地下空间建设停车场对缓解城市道路拥挤具有十分重要的作用。

一、发展概况

地下停车场出现在二次大战后,当时是为满足战争的防护及战备物资贮存、运送而出现的,主要矛盾并非停车难。而大量建造地下停车场是在20世纪50年代后,欧美等资本主义国家开始建造规模较大的停车场,此时的主要矛盾是汽车数量的增多及停车设施不足,地面空间有限而宝贵。当时的地下停车场规模大多为100辆左右,最大的为1952年美国洛杉矶波星广场的地下停车场(2 150个车位)和芝加哥格兰特公司的地下停车场(2 359个车位)。其中洛杉矶波星广场地下车库为3层,有4组进出坡道和6组层间坡道,均为曲线双车线坡道,广场地面为绿地和游泳池(图4－1),地下车库共3层,停车2 150辆。一层与下面两层用螺旋坡道连接,坡道宽8.37 m,坡度为8%,柱网8.24 m见方,每车占用面积27.6 m²。

法国巴黎1954年开始规划了深层地下交通网,其中有41座地下车库,总容量为5.4万辆,如依瓦利德广场的地下停车场,上下两层,规模为720个车位(图4－2(a)),格奥尔基大街下的地下停车场6层,规模为1 200个车位(图4－2(b)),到1985年已有80座地下停车场在巴黎市建成,至今仍在陆续建造。

日本由于土地紧张,难于建造规模大的停车场,因此,在20世纪60年代发展的地下停车场多为400辆以下规模。在93座地下停车场中,东京西巢鸭地下停车场容量为1 650辆,大阪利用旧河道建了3个停车场,总容量750辆,回填土后修筑了双车线道路(图4－3)。20世纪70年代后日本几个大城市共有公共停车场214座,总容量44 208辆,其中地下75座,容量21 281辆,占总数48%,到1984年又建了75座。

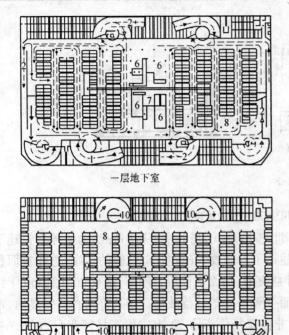

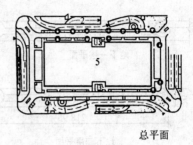

总平面

一层地下室

二三层地下室

图4-1 美国洛杉矶波星广场地下车库

1—入口坡道;2—出口坡道;3—自动扶梯;4—排气口;5—水池;6—服务站;7—附属房;8—加油站;9—行人通道;10—通风机房

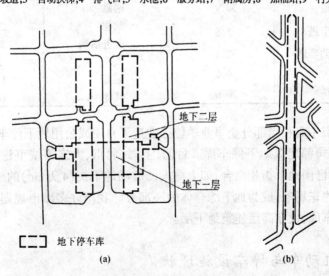

地下二层

地下一层

▢▢ 地下停车库

(a)

(b)

图4-2 法国巴黎地下停车库

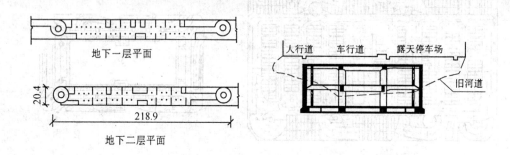

图4-3　日本大阪利用旧河道建造的单建式地下停车库

我国的地下停车场建设大致起步于 20 世纪 70 年代,当时主要以"备战"为指导方针建了一些专用车库,并保证平时使用,如湖北省建造了可停放 5 t 载重车 38 辆的车库,总建筑面积 3 861.9 m²。近年来我国大城市停车问题日益突出,路面常被用来停车,这在 20 世纪 50 年代是无可争议的,原因是并不影响地面交通,而今天矛盾却日益激化。如某市调查资料显示,市中心的 10 000 辆停车中,从停车位置上看,非停车场停车占 79.4%,停车场停车只占 20.6%(表4.1);从停车目的上看,占用路面道路的比例也相当高(表4.2)。

4.1　停车位置所占比例	
停车位置	停占比例/%
人行道	34.9
机动车道	5.6
非机动车道	32.3
巷口	6.6
停车场	20.6

4.2　停车目的所占比例	
停车目的	停占比例/%
通勤	9.8
购物	27.9
业务活动	28.4
娱乐	3.4
装卸	11.5
其他	19.0

我国各大城市中有相当部分企事业单位已建造了自用或公用地下停车库。哈尔滨市第一百货公司、秋林公司都建有地下停车库。目前,上海、北京、大连等城市建的地下停车库也很多,有些地下车库已同地下街相结合,如上海人民广场地下街(4 万 m²)的地下停车场,哈尔滨博物馆广场地下停车场等,成为地下综合体的一部分。我国许多城市规划的地下停车库大多是附建式地下停车库,设在高层建筑地下层。

二、我国机动车与停车设施现状

停车设施的发展与汽车数量的增加有很大的关系,车辆越多其停车空间需要越多。各国人均汽车拥有比例不同,发达国家每百人拥有汽车为 40~80 辆,而我国 1995 年统计每百人为 6.5 辆(上海黄浦区),然而汽车增长是不可避免的。我国汽车拥有量普及率低,说明汽车数量有很大上升空间。上海黄浦区预测 2010 年每百人拥有汽车将达 54.5 辆,可见城市对停车场的需要量相当大。

再以某市为例,该市共有机动车 34.5 万辆,汽车 24.4 万辆,以中型车露天停放 70% 计算,用地面积为 923 万 m²,如按近几年增长速度计算,到 2030 年,仅机动车停车面积就需要 8 000 万 m²,相当于市中心 4 个区面积的总和。这些足以说明城市停车空间与城市用地之间矛盾的尖锐程度。表 4.3 为每辆车所需的停车面积和空间。

表 4.3　停车所需的面积和空间

指　　标	小型汽车(长×宽)	中型汽车(长×宽)
车辆水平投影面积(m²/辆)	8.64(4.8×1.8)	17.5(7.0×2.5)
停放用地面积(m²/辆)	18~28	40~50
停放所需空间(m²/辆)	40~62	110~140

从上述分析可以看出,地面建造停车场已不是发展方向,向地下开发停车场才是主要发展方向。

三、地下停车场的特点

(1) 提供车位多,节约城市地面以上空间,同时节约地表面积,具有深远的经济意义。

(2) 前景开发广阔,可以解决机动车停车难的问题。

(3) 安全、可靠、不影响城市交通,具有连锁式社会意义。

(4) 地面车库与地下车库造价之比为 1:2.6~1:2.8,投资回收期大约在 16 年。如果地面需付土地使用费,以北京为例,地上车库是地下车库造价的 8 倍。地下不交使用费或少交使用费,则地下车库开发价值就能体现出来。

第二节　地下停车场规划

地下停车场规划应纳入整个城市规划当中,要结合城市的现状及发展,要与不同等级的城市道路相配合,满足不同规模的停车需要,以便对城市中心区的交通起到调节和控制作用。

一、地下停车场规划步骤

(1) 城市现状调查,包括城市的性质、人口、道路分布等级、交通流量、地上地下建筑分布的性质、地下设备设施等多种状况。

(2) 城市土地的使用及开发状况,土地使用性质、价格、政策及使用情况。

(3) 机动车发展预测、道路建设的发展规划、机动车发展与道路现状及发展的关系。

(4) 原城市的停车场和车库的总体规划方案、预测方案。

(5) 编制停车场的规划方案,方案筛选制定。

二、地下停车场规划要点

(1) 结合城市规划,重点应以市中心向外围辐射形成一个综合整体布局,考虑中心区、次级区、郊区的布局方案。可依据道路交通布局及主要交通流量进行规划。如图4-4所示为市中心区再开发规划概括而成的一种布局方式,在中心区外围建一条环形公路,在公路外侧设置长时间停车场(一般为一个工作日)、短时间停车场(0.5~2.0 h),可通过向市中心道路的辅助路进入市内或一定距离的地段。

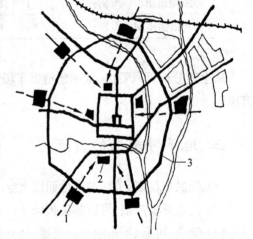

(2) 规划停车场的地址要选择在交通流量大、集中、分流的地段,且要注意该地段的公共交通流、人流,是否有立交、广场、车站、码头、加油站、食宿等。

(3) 考虑地上停车场与地下停车场之间的比例关系,也要考虑我国地下空间开发造价高、工期长等特点,因而,原有地面上的停车设施可尽量利用。

图4-4　市中心停车设施布置方式
1—长时停车;2—短时停车;3—主要道路

(4) 机动车与非机动车的比例,并预测非机动车转化为机动车的预期,使停车设施有一定余量或扩建可能性。

(5) 规划停车场要同旧区改造相结合,注意要对土地节约使用,保护绿地,重视拆迁的难易程度等。

(6) 把停车场与车库相结合,如地面停车场、地下停车场、原停车场、建筑物的地下停车库结合规划。

(7) 控制停车者到达目的地的距离一般不大于0.5 km。

上海市提出了中心商业区(440万 m^2)范围内停车场(库)的布局及分期实施方案。依据城

市总体规划和土地使用性质来调整地下
停车场的规划,将中心区的旧城改造和
交通规划要求密切结合,布局为分散方
案,以期望满足对机动车的停车需求。
上海市中心停车场规划方案有 12 个停
车场,小轿车车位 3 710 个,基本满足了
目前的停车需求(图 4-5)。

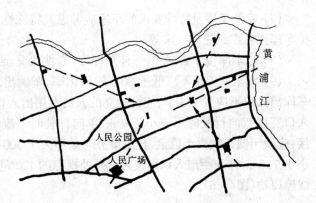

三、地下停车场选址

(1) 应选择在道路网中心地段,同
城市交通总规划要求相符合。如市中心

图 4-5　上海市中心停车场的规划

广场、站前广场、商业中心地段。

(2) 要保证车库合理的服务半径,公用汽车库的服务半径不宜超过 500 m,专有车库不宜
超过 300 m。

(3) 不宜靠近学校、医院、住宅等建筑。

(4) 要选择在水文和工程地质较好的地段,尽可能避开工程和水文地质构造复杂的地段。

(5) 规划应符合防火要求,其位置应与周围建筑物和其他易燃、易爆设施保持规定的防火
间距和卫生间距。表 4.4、4.5 为汽车停车场最小防火间距及卫生间距。

表 4.4　汽车停车场的防火间距

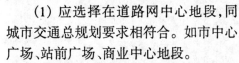 防火间距 / m　建筑物名称和耐火等级 汽车库名称和耐火等级		停车库、修车库、厂房、库房、民用建筑		
		一、二级	三级	四级
停车库	一、二级	10	12	14
修车库	三级	12	14	16
停车场		6	8	10

表 4.5　停车场与其他建筑物的卫生间距

间距 / m　车库类别 名　称	Ⅰ、Ⅱ	Ⅲ	Ⅳ
医疗机构	250	50~100	25
学校、幼托	100	50	25
住宅	50	25	15
其他民用建筑	20	15~20	10~15

(6) 必要时可与地下街、地下铁道车站等大型地下设施相结合。

（7）专业车库及特殊要求的车库应考虑其特殊性。如消防车库对出入、上水要求较高,防护车库要考虑到三防要求等。

（8）当车库位于岩层中,岩体层厚度、岩性状况、岩层走向、边坡及洪水位等都应考虑。

（9）汽车库库址不应低于 30% 的绿化率,车辆出入口不少于 2 个。特大型(大于 500 辆)车库出入口不应少于 3 个,应设独立的人员专用出入口,两出入口之间的净距应大于 15 m。出入口宽度双向行驶时不应小于 7 m,单向行驶时不应小于 5 m。出入口不应直接与主干道连接,应设于城市次要干道上,且距服务对象不大于 500 m。出入口距离城市道路规划红线不应小于 7.5 m,并在距出入口边线内 2 m 处视点的 120° 范围内至边线外 7.5 m 以上不应有遮挡视线障碍物(图 4 - 6)。

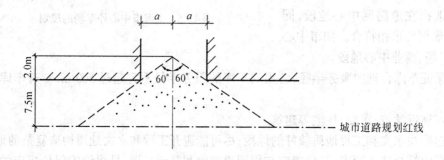

图 4 - 6　汽车库车辆出入口通视要求

a—为视点至出入口两侧的距离

四、停车场的分类

1. 单建式与附建式地下停车场(库)

单建式地下停车场是指不受地面建筑的制约而独立在地下的停车场,一般建在广场、道路、绿地、空地之下。此种停车设施主要功能由车辆运行及停放的功能来确定,对地面设施基本不影响。图 4 - 7 为上海人民广场单建式地下停车场,共两层,一层为商场,二层为车库,可容纳 600 台小汽车,平均 36.3 m²/台。

附建式是建在地面建筑地下部分的停车场。此种设计必须同时满足地面建筑及地下停车场两种使用功能要求,因而对柱网选择上有一定的困难,大多数方案在解决这一问题时,常把裙房中餐厅、商场等使用功能与地下停车场相结合。图 4 - 8 为北京市的一个附建式专用停车库,容量 266 台,平均 29 m²/台。

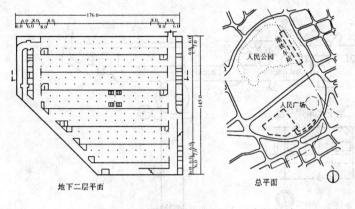

图4-7 上海人民广场单建式地下车库

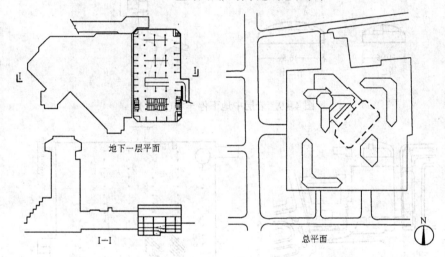

图4-8 北京市某附建式专用停车库

2. 土层与岩层中地下停车场

土层中地下停车场是指软土层中建造的地下停车场,而岩层中地下停车场是指周围以岩石为介质建造的地下停车场。我国青岛、大连、重庆等城市大多为岩石地区,土层很薄,所建停车场为岩层中地下停车场。岩层中停车场主要特点为条状通道式布局,洞室开挖走向灵活,开挖方法为矿山法,即传统钻爆或臂式掘进机开挖,由于岩层的特性及施工特点,同软土中的建筑平面有很大区别。图4-9为芬兰在岩层中建造的地下停车场,容量138台,平均36.2 m^2/台,平时工程为停车场,战时可供1 500人使用的掩蔽所。

土层中建造的地下停车场,可集中布局,采用大开挖或盾构施工方法,开挖较容易。图4-10为比利时布鲁塞尔一个可容纳950台小型车的地下停车库,面积指标为32.8 m^2/台,45°停放,地面恢复后为广场。

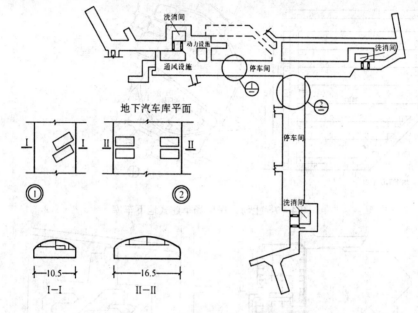

图4-9　岩层中地下停车场(芬兰)

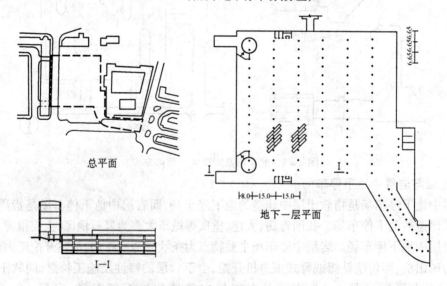

图4-10　土层中地下停车场(比利时)

3. 坡道式与机械式地下停车场

坡道式是利用坡道出入车辆的地下停车场,主要特点是造价低,进出车方便、快速,不受机、电设备运行状况影响,运行成本低。目前所建的地下停车场大多为此种类型。其主要缺点是占地面积大,交通使用面积与整个车场建筑面积的比值为0.9:1,使用面积的有效利用率大大低于机械式停车场,并增大了通风量及增加了管理人员。图4－11为德国汉诺威坡道式停车场,可停放小型车350台,平均33 m²/台,地面为广场,地下2层。

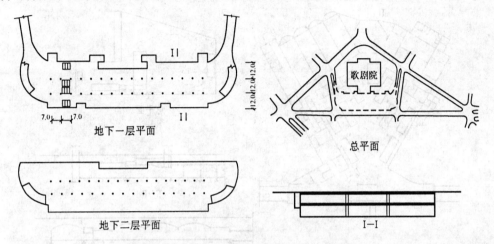

图4－11 坡道式地下停车场(德国汉诺威)

机械式停车场的汽车出入利用垂直自动运输的方式,取消了坡道,车库利用率高,进出车速度较慢,造价高,管理人员少。日本资料提示,若坡道式停车场各项指标为100,机械式停车库的占地面积则为27,车辆平均需要面积为50～70 m²。图4－12为日本东京机械式停车场,地下5层可停车155台,为办公楼专用停车场。

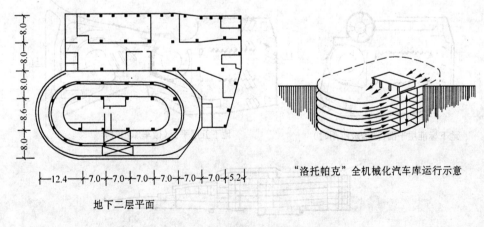

图4－12 机械式停车场(日本东京)

4. 其他类型地下停车场

除上述分类方法外,还有公共和专用地下停车场。公共停车场需要量大,分布面广,一般以停放大小客车为主,是城市主要停车的设施。专用停车库是指以特殊车辆为主的停车设施,如消防车、救护车、载重车等。图4-13为北京市地下专用消防车库,可停放9台消防车,并建有人防掩蔽所。

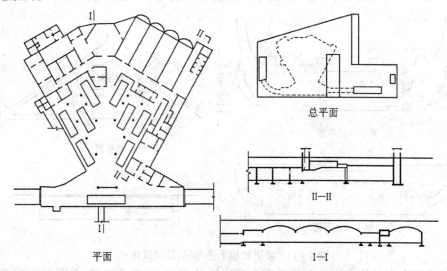

总平面

II—II

I—I

平面

图4-13　地下专用汽车库(北京)

图4-14为瑞士地下公共车库,可停车608台,面积指标28.7 m²/台,地下6层,充分利用地形坡度,可容纳10 000人掩蔽。

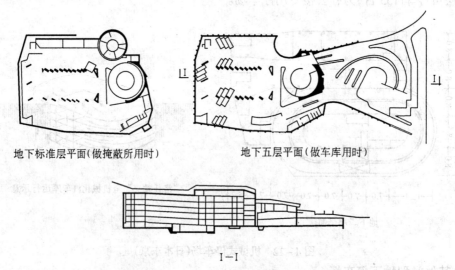

地下标准层平面(做掩蔽所用时)　　　　地下五层平面(做车库用时)

I—I

图4-14　地下公共车库(瑞士)

第三节　总图设计

地下停车场总平面设计应在规划方案制定中完成。总图设计主要考虑如下几个方面。

一、总图设计需要考虑的因素

总图设计时应考虑如下因素：
(1) 场地的建筑布局、形式、道路走向、行车密度及行车方向；
(2) 是否有其他地下设施，如地下街、地铁等；
(3) 周围环境状况，如绿化、道路宽度、高程、是草地还是山地；
(4) 工程与水文地质情况，如地下水位、是软土还是硬土，若为岩石则对总图设计影响很大；
(5) 出入口宜设在宽度大于 6 m，纵坡小于 10% 的次干道上；
(6) 出入口宜距立交、地下综合体、桥隧等有一定距离，距立交应大于 80 m，距其他应大于 50 m；
(7) 要考虑地面出入口一侧有至少 2 辆车位置的候车长度；
(8) 停车场应有明显的标志，并按规定设置标线；
(9) 单建式停车场要考虑车库建成后地面部分的规划，如绿地、广场、公园等内容。

二、总图设计

1. 广场式矩形平面

广场式布局通常是地面环境为广场，周围是道路，即在广场下设地下停车场。这种情况常在广场一侧道路旁设计地下停车场。一是进出车方便，二是尽可能同人流密集区有一定距离。如广场比较小，可按广场的大小布局，还要根据广场与停车场规模来确定。广场下停车场的总平面大多为矩形、近似矩形、梯形等。

图 4-7 的上海人民广场停车场，设在广场西南路边一侧，上下 2 层，上层为商场，下层可存车 600 台，入口设在环路一侧，没设在主要道路上。

图 4-15 为日本川崎火车站站前广场的地下停车场，其规模较大，可停车 380 台，上下两层，上层为商场，下层为停车场，入口距广场较远，地下

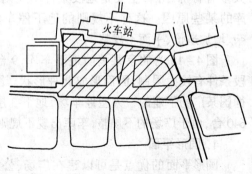

图 4-15　广场停车场

停车场平面形式同广场走向吻合。

2. 道路式条形平面

道路式条形平面布局的地下停车场指停车场设置在城市道路下,基本按道路走向布局,出入口设在次要道路一侧,此种平面基本为条形。图4-16为日本东京道路式条形平面布局的停车场。停车场设在主要道路下,出入口设在次要道路上,共两层,上层为商场,下层可存车385台。

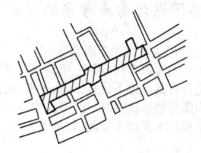

图4-16 道路下停车场(日本东京)　　图4-17 道路下停车场(日本新泻)

图4-17为日本新泻的道路下停车场实例,可存车300台,2层,上层为商场。从道路布局上可以看出道路成条形平面布局的地下停车场有如下特点,基本上都把地下街同地下停车场相结合,即上层为地下街,下层为停车场,因为停车场柱网布局同商业街可以吻合。道路下布局的平面类型为条型或长矩形。

3. 不规则地段下的不规则平面

不规则平面的地下停车场属于停车场的特殊情况,大多有特殊原因,主要是地段条件不规则或专业车库的某些原因。这种不规则的地下停车场施工复杂、增加造价、平面不规整。

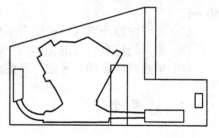

图4-18 不规划平面停车场

图4-18为北京某消防地下车库,9台容量,地段条件有较大限制,因而形成此种形状。图4-19为德国某广场下建的一大型停车场,地下3层,可存车640台,由于广场的不规整,车库出现不规则形状。

4. 圆形平面

圆形平面的优点是可以建在广场、公园及不规则地段下。通过环形道进出车,由于可建多层,所以存车量很大。图4-12所示为圆形全机械式地下停车场。

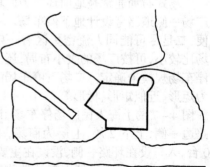

图4-19 不规则平面停车场

5. 附建式与地面建筑平面相吻合平面

附建式停车场由于受地面建筑的平面柱网限制,利用地下部分或全部空间,其平面主要特点是与地面建筑平面相吻合。图4-8即是北京某旅馆大楼下开发的地下专用停车库,容量266台。

6. 利用建筑地下室扩展的混合型平面

此种类型首先利用地面建筑地下室,在此基础上由规模或柱网要求而向外扩展的地下车库,此平面类型既有附建部分,又有广场的单建部分,可称为混合型平面。

图4-20为前苏联的地下车库,地上为12~14层住宅,由于居住建筑柱网同停车库相矛盾而扩展了平面。

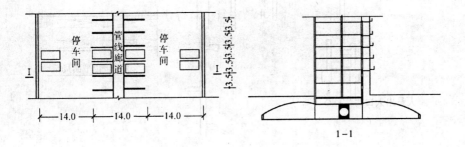

图4-20 混合型平面地下车库

图4-21为日本东京独立的且与地上建筑毗连的地下专用车库,可停放360台小型车、地下3层。此种形状为不规则形,主要受建筑及广场、道路的不规则形限制。

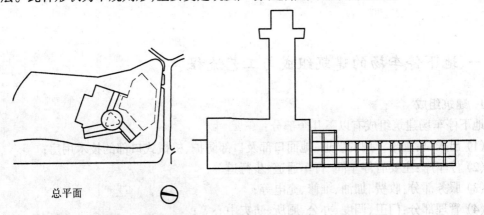

图4-21 混合型地下专用车库

7. 岩层中的通道连接式平面

如果土层为岩状结构,其平面形式受施工影响将起到很大的变化。在这种地段条件下,地

下停车场的平面形式常常由条形通道式拼接起来,可组成"T"型,树状或"井"型平面。图4-22
为我国某省地下专用车库,可存100台中型客货车,有防护能力,战时为人员掩蔽所。

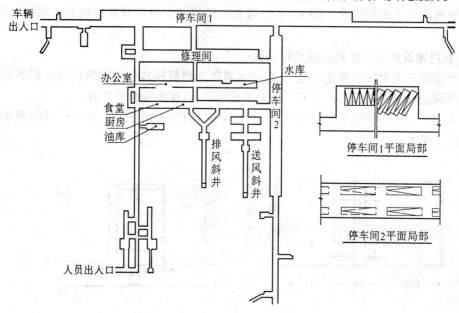

图4-22　岩层中的地下停车库

第四节　地下停车场设计

一、地下停车场的建筑组成与工艺流程

1. 建筑组成
地下停车场建筑组成有以下几个部分:

(1)出入口:进出车用的坡道、地面口部及口部防护、机械式口部的技术用房;

(2)停车库:主要有停车间、行车通道、步行道等;

(3)服务部分:收费、加油、维修、充电等;

(4)管理部分:门卫、调度、办公、厕所、防灾中心等;

(5)辅助部分:风机房、水泵房、器材、油库、消防水库、防护用设备间等。

2. 工艺流程
地下停车场的一般流程是,车由入口进入、洗车、收费、存车、加油、出库、出口。其工艺流程图见图 4-23 所示。

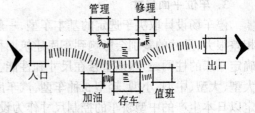

图 4-23　地下停车场工艺流程图

二、地下停车场主体平面设计

1. 基本要求

一般来讲,以停放一台车平均需要的建筑面积作为衡量柱网是否合理的综合指标,并同时满足以下几点基本要求:

(1) 适应一定的车型的停放方式、通道布局,并具有一定的灵活性;

(2) 保障一定的安全距离,避免遮挡和碰撞;

(3) 尽量做到充分利用面积;

(4) 施工方便,经济,合理;

(5) 尽可能减少柱网尺寸,结构完整统一。

2. 面积估算

对于专用汽车库,其控制指标为地下车库与地面建筑总面积比例(表 4.6)。

表 4.6　地下专用车库面积控制指标

类　　别	地下车库/地面建筑
一、二级	<5%
三、四级	<10%

关于地下车库每台车所需面积指标,是根据国内近年来建造的一些地下汽车库有关资料统计得出的(表 4.7),该指标为参考指标。汽车库建筑规模按汽车类型和容量分为四类,并应符合表 4.8 中的规定。

表 4.7　地下汽车库的面积指标

指 标 内 容	小型汽车库	中型汽车库
每停一台车需要的建筑面积/m²	35～45	65～75
每停一台车需要的停车部分面积/m²	28～38	55～65
停车部分面积占总建筑面积的比例/%	75～85	80～90

表 4.8　汽车库建筑分类

规　　模	特大型	大　型	中　型	小　型
停车数/辆	>500	301～500	50～300	<50

3. 车位平面尺寸

停车场设计取决于选定的基本车型,一般来说,服务车型不可能太多,因为各类车型尺寸相差很大,尺寸的差别会影响到车库建筑面积和空间利用率,所以,必须选定一种基本车型来确定车库的柱网,当然该型号在尺寸和性能上应具有一定的代表性。如日本将小轿车分为特大型、大型、中型、小型、轻型 5 种车型,汽车库主要满足日本大量生产的中型轿车需要,因此确定以日本生产的中型轿车的控制尺寸作为设计车型的外廓尺寸,即:长 4.7 m,宽 1.7 m,高 2.0 m,最小转弯半径 6.5 m。

我国的车库设计也必须根据所存车型来确定参数。一项统计资料对国内外近 700 种小型车和近 600 种中型车的有关参数进行了统计和概括,结果见表 4.9 所示。

表 4.9 我国小型和中型汽车的外廓尺寸

车 型	品 种		全长/m	全宽/m	全高/m
小型车	小轿车	大型	5.60	2.05	2.00
		中型	5.05	1.85	2.00
		小型	4.80	1.80	2.00
	微型客车(乘员 4~11 人)微型货车		4.80	1.80	2.00
中型车	货 车	载重 2t	5.00	2.00	2.20
		载重 5t	7.00	2.50	2.60
	轻型客车(乘员 15~24 人)		6.50	2.00	2.50

表 4.9 中小型车(4.80 m × 1.80 m × 2.00 m)及货车(7.00 m × 2.50 m × 2.60 m)可作为地下停车场的设计依据。如果实际存车同上述尺寸存在着差异,则必须按实际车型进行设计。

不仅如此,仅满足车辆尺寸要求并不能停车,还必须满足车辆周围有一定的安全距离,以保证停车状态下能打开车门和便于车辆进出。车辆停放时与周围物体间安全距离见表 4.10 所示。

表 4.10 车辆停放时与周围物体的安全距离

车型	停放条件	车头距前墙(或门)/m	车尾距后墙/m	车身(有司机一侧)距侧墙或邻车/m	车身(无司机一侧)距侧墙或邻车/m	车身距柱边/m	车身之间的纵向净距/m 0°停放	30°~90°停放
小型车	单间停放	0.7	0.5	0.6	0.4	–	–	–
	开敞停放	–	0.5	0.5	0.3	0.3	1.2	0.5
中型车	单间停放	0.7	0.5	0.8	0.4	–	–	–
	开敞停放	–	0.5	0.7	0.3	0.3	1.2	0.7

　　单间停放与开敞停放见图4-24所示。单间停放指一台车周围有墙或车的情况,开敞停放指一台车周围有柱的情况。

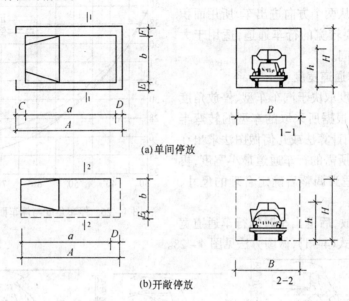

(a)单间停放

(b)开敞停放

图4-24　每辆车所需占用的空间和平面尺寸

4. 停放角度与停驶方式

　　车辆存放角度是指停车时汽车的轴线与车库纵轴线之间的夹角。一般有0°、30°、45°、90°等,见图4-25所示。

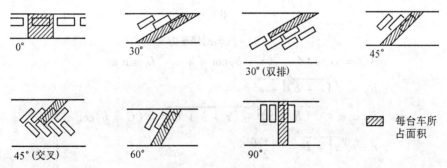

图4-25　车辆停放角度

　　研究表明,汽车停放角度与停车占用面积之间有一定的关系(图4-26),经过长期的实践证明,90°停车方式较为合理,即倒入停车位,前进出车。

　　汽车停驶方式是指存车所采用的驾驶措施。有前进停放,前进出车;前进停放,后退出车;后退停车,前进出车三种驾驶方式(图4-27)。根据分析得知,0°存车时驾驶方便但所需面积最大,所以该角度适合狭长而跨度小的停车场。斜角停放时使每台车占用面积较大;90°直角停放时可以从两个方向进出车,所用面积指标最小,但需要较宽的行车通道,适用于大面积多跨的停车间。

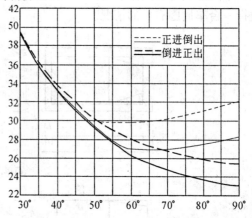

图 4 – 26　停车角度与停车面积指标关系

5. 主体行车通道宽度

行车通道宽度取决于汽车车型、停放角度和停驶方式。应根据所采取的车型的转弯半径等有关参数,用计算法或几何做图法求出在某种停车方式时所需的行车通道最小宽度,再结合柱网布置,适当调整后确定合理的尺寸,一般不小于 3 m。

(1) 前进停放,后退出车时的行车通道宽度计算方法见公式(4 – 1),做图方法见图 4 – 28。

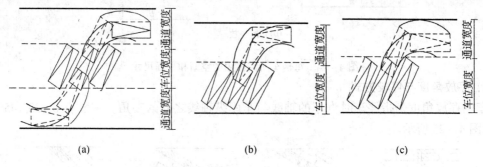

(a)　　　　　　　(b)　　　　　　　(c)

图 4 – 27　汽车的停车方式

$$W_d = R_e + Z - [(r + b)\cot \alpha + e - L_r]\sin \alpha \qquad (4 – 1)$$

$$R_e = \sqrt{(r + b)^2 + e^2}$$

$$L_r = e + \sqrt{(R + S)^2 - (r + b + C)^2} - (C + b)\cot \alpha$$

$$r = \sqrt{r_1^2 + l^2} - \frac{b + n}{2}$$

$$R = \sqrt{(l + d)^2 + (r + b)^2}$$

式中　　W_d —— 行车通道宽度(mm);

　　　　C —— 车与车的间距(取 600 mm);

　　　　S —— 出入口处与邻车的安全距离(取 300 mm);

　　　　Z —— 行驶车与停放车或墙的安全距离(大于 100 mm 时,可取 500 ～ 1 000 mm);

R—— 汽车环行外半径(mm);

r—— 汽车环行内半径(mm);

b—— 汽车宽度(mm);

e—— 汽车后悬尺寸(mm);

d—— 汽车前悬尺寸(mm);

l—— 汽车轴距(mm);

n—— 汽车后轮距(mm);

α—— 汽车停放角度(°);

r_1—— 汽车最小转弯半径(mm)。

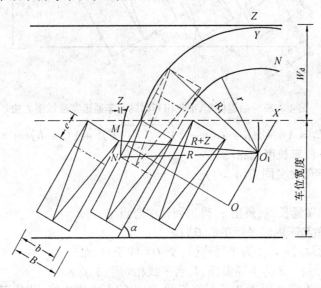

图 4 – 28　前进停车,后退出车时的行车通道宽度做图方法

做图步骤:

① 从汽车后轴做延长线,量出 r,得出回转中心 O;

② 经过 O 点做与车纵轴平行的线 OX;

③ 以 M 点为圆心,R_1 为半径,即 $R + Z$ 为半径,交 OX 线于 O_1 点;

④ 以 O_1 点为圆心,R_1 为半径作弧,与水平线相切于 Y 点;

⑤ 从 Y 点起,加上安全距离 Z 后做平行线,即为行车通道边线,此线至车位外缘线的距离即为 W_d;

⑥ 以 O_1 点为圆心,R 为半径做弧,交车外轮廓线于 N 点,N 点即为倒车时开始回转的位置。

(2) 后退停车,前进出车时的行车通道宽度计算方法见公式(4 – 2),做图方法见图 4 – 29。

$$W_d = R + Z - \sin \alpha \left[(r + b) \cot \alpha + (a - e) - L_r \right] \qquad (4 - 2)$$

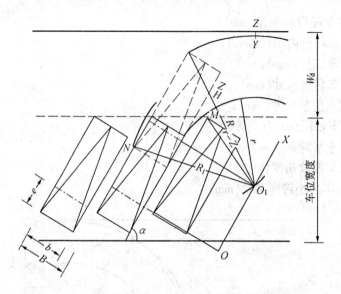

图 4 - 29　后退停车,前进出车时的行车通道宽度做图方法

$$L_r = (a - e) - \sqrt{(r - S)^2 + (r - C)^2} + (C + b)\cot\alpha;$$

式中　　a—— 汽车长度(mm);

　　　　其他字母含义同式(4 - 1)。

做图步骤:

① 从汽车后轴做延长线,量出 r,得出回转中心点 O;

② 经过 O 点做与车纵轴平行的线 OX;

③ 以 M 点为圆心,$r - Z$ 为半径作弧,交 OX 线于 O_1 点;

④ 以 O_1 点为圆心,R 为半径做弧,与水平线相切于 Y 点;

⑤ 从 Y 点起加上安全距离 Z 后做平行线,即为行车通道边线,此线至车位外缘线的距离即为 W_d;

⑥ 以 O_1 点为圆心,R_1 为半径,即以 $R + Z$ 为半径做弧,交车外轮廓线于 N 点,N 点即为进车时停止回转位置。

(3) 后退停车,前进出车,90° 停放,两侧有柱时的行车通道宽度计算方法同公式(4 - 2),取 $\alpha = 90°$,则

$$W_d = R + Z - \sqrt{(r - S)^2 - (r - C)^2} \qquad (4 - 3)$$

做图方法同图 4 - 29,只是车两侧障碍物改为柱,见图 4 - 30。

(4) 曲线行车通道(环道)宽度的计算方法为

$$\begin{cases} W = R_0 - r_2 \\ R_0 = R + x \\ r_2 = r - y \end{cases} \qquad (4 - 4)$$

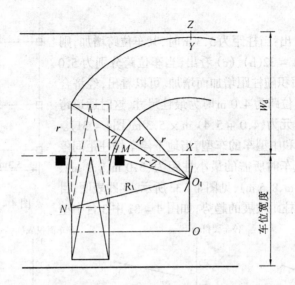

图 4 – 30　后退停车,前进出车,90° 停放,两侧有柱时行
车通道宽度做图方法

式中　　W——环道最小宽度(mm);

　　　　R_0——环道外半径(mm);

　　　　r_2——环道内半径(mm);

　　　　x——外侧安全距离,最小取 540 mm;

　　　　y——内侧安全距离,最小取 380 mm。

三、平面柱网

平面柱网由柱距和跨度组成。决定柱距尺寸的因素有如下几个方面:

(1) 停放角度及停驶方式,一个柱距内停放车辆台数;

(2) 车辆停放所必须的安全距离及防火间距;

(3) 通道数及宽度;

(4) 结构形式及柱断面尺寸;

(5) 柱距和跨度应符合国家颁布的建筑模数。

实践表明,柱间距、车位及通道跨度三者之间有一定的关系,并影响停车面积。其主要关系是:当加大柱距时,柱对出车的阻挡作用开始减小,通道跨度尺寸随之减小,但加大到一定程度后,柱不再成为出车的障碍,这时通道跨度尺寸主要受两侧停车外端点的控制;当柱距固定,调整车位跨度尺寸时,通道跨度尺寸随之变化,车位跨度尺寸越小,所需行车道宽度越小,超过车后轴位置后,柱子不再成为出车的障碍,如柱子外移,超过车位前端线后,通道跨度尺寸需要加大,如图4-31所示。

由图4-32(a)看出:当柱距为5.3 m时,其车位跨增加,则停车面积增大。由图4-32(b)、(c)看出,当车位跨分别为5.0 m和4.0 m时,停车面积随柱距增加而增加。可以看出,经济合理的柱距为5.3 m,车位跨为4.0 m时为最佳尺寸,这时通道跨相应为5.4 m,柱网单元为(4.0 + 5.4) m × 5.3 m(图4-31)。

如按我国小型车和中型车的车型,当地下停车场柱距间停放1台、2台和3台汽车时所需的最小柱距为(3.0 m、3.9 m)、(5.3 m、7.0 m)、(7.6 m、8.5 m),见图4-33所示。实践表明,目前地下停车场有向大柱距发展的趋势,如图4-33中3台中型

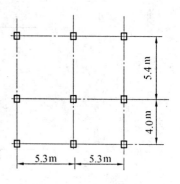

图4-31　柱网单元示意

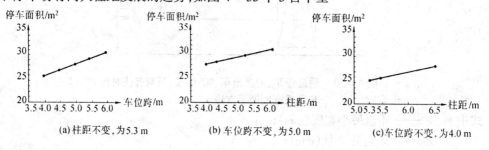

图4-32　停车间柱网尺寸变化对停车面积指标的影响(柱间停2台车)

车柱距。

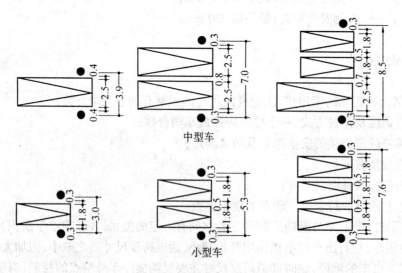

图4-33　停车间柱距的最小尺寸

前述停车均为直角停车的柱网布置。不同停车角度,所需停车面积也有区别,见表4.11所

示。

表 4.11　不同停车角度所需停车面积　　　　　　　m²

停车角度 车型	0°	30°	30° (双排)	45°	45° (交叉排列)	60°	90°
小汽车	41.4	34.5	32.2	27.6	26.0	24.6	23.5
载重车	77.7	62.6	58.2	49.6	47.1	45.3	44.9

注:此表按小型车尺寸 4.9 m × 1.8 m,载重车 6.8 m × 2.5 m,按无柱计算。

四、结构形式

地下停车场结构形式主要有两种:矩形结构、拱形结构。两种结构形式同其他地下建筑结构形式基本一样,在尺寸上、受力特点、施工方法、土质性质方面有区别。下面分别介绍两种结构形式。

1. 矩形结构

矩形结构又分为梁板结构、无梁楼盖、幕式楼盖。侧墙通常为钢筋混凝土墙,大多为浅埋,适合地下连续墙、大开挖建筑等施工方法。矩形几种结构形式见图 4 - 34 所示。

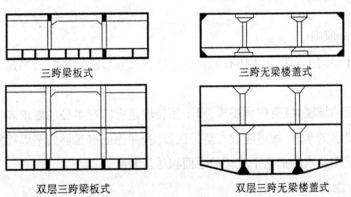

三跨梁板式　　　　　　　　　　三跨无梁楼盖式

双层三跨梁板式　　　　　　　双层三跨无梁楼盖式

图 4 - 34　矩形结构

2. 拱形结构

拱形结构有单跨、多跨、幕式及抛物线拱、顶制拱板等多种类型,其特点是占用空间大、节省材料、受力好、施工开挖土方量大,有些适合深埋,相对来说,不如矩形结构采用的广泛。如图 4 - 35 所示。

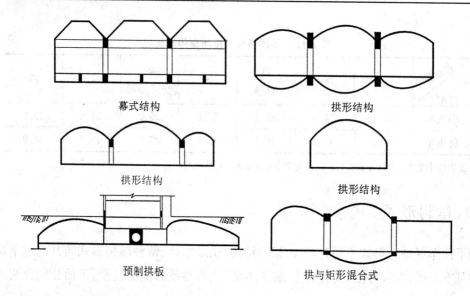

幕式结构　　　　　　　　　　拱形结构

拱形结构　　　　　　　　　　拱形结构

预制拱板　　　　　　　　　　拱与矩形混合式

图 4 – 35　拱形结构

五、坡道与通道设计

1. 坡道设计

（1）坡道设计原则

① 坡道设计要同出入口和主体有顺畅的连接，同地段环境相吻合，满足车辆进出方便、安全。

② 要有一定的坡度，且有防滑要求，对于回转坡道有转弯半径的要求。

③ 有防护要求的车库，坡道应设在防护区以内，并保证有足够的坚固程度。

④ 在保证使用要求的前提下应使坡道面积尽量紧凑。

（2）坡道类型

坡道类型较多，基本类型有两种：一种是直线形坡道，另一种是曲线形坡道。

直线形坡道视线好、上下方便、切口规整、施工简便，但占地面积大，常布置在主体建筑以外，图 4 – 36(a)、(b)、(c) 所示。

曲线形坡道占地面积小，适用于狭窄地段，视线效果差，进出不太方便，图 4 – 36(d)、(e)。

混合形坡道是将直线段与曲线段相连的方式。如先过直线段，然后为曲线段，或进出为直线段，层间用曲线螺旋坡道等。

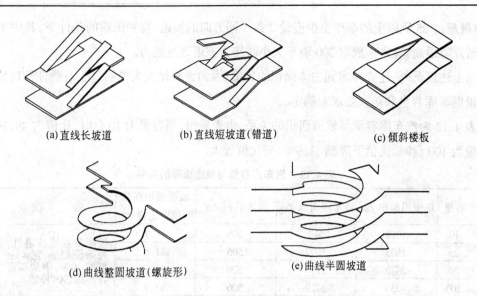

(a)直线长坡道　　　　(b)直线短坡道(错道)　　　　(c)倾斜楼板

(d)曲线整圆坡道(螺旋形)　　　　(e)曲线半圆坡道

图4－36　停车库坡道类型

由此看出,坡道设计最主要是适用、节约用地、安全、坚固,可根据基地的实际情况安排坡道总体设计。

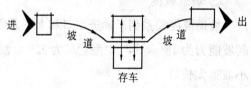

图4－37　流线功能关系图

(3) 坡道与主体交通流线

坡道与主体交通流线顺畅、方便、安全,是存车的重要设计要求,坡道和主体内的交通形成完整的流线,它们之间的功能关系如图4－37所示。

坡道与主体内交通布置应顺畅,方向单一,流线清楚,出入口明显。流线在主体内时应同主体平面相吻合。图4－38为坡道与主体之间的相互关系,可以看出,进出坡道既可在同向也可在两侧,取决于出入口的道路状况,应考虑多种因素综合设计。

(a)直线式　　　　(b)曲线式　　　　(c)回转式　　　　(d)拐弯式

图4－38　交通流线图

(4) 坡道技术标准

① 数量

坡道数量与单位时间内单向通过能力、车速、安全、长度、出入口状况等有关。防火要求规定：容量超过 25 辆以上的车库至少应设 2 条不同方向的坡道，特别困难的条件下，其中 1 条可用机械升降设施。日本一般取 300 辆车／小时作为坡道通过能力。

　　除上述情况外，还要考虑到主体面积的比值，因为面积比太大说明过于浪费，所以，坡道数量应根据车库容量和防火要求来确定。

　　表 4.12 为汽车库容量与坡道面积的关系，由表看出，当容量为 10 台时，比值占 49.7%，而当容量为 100 台时，比值下降到 11.9%，变化值较大。

表 4.12　汽车库容量与坡道面积的关系

容量	总使用面积 /m²	停车间面积 /m²	坡道面积 /m²	坡道面积在总面积中比重 /%	备　　注
10	1018	512	506	49.7	按两条直线坡道计，每条长 63 m，宽 4 m，坡度 10%，中型车设计车型，90° 停放。
25	1603	1097	506	31.6	
50	2470	1974	506	20.5	
100	4235	3729	506	11.9	

② 坡道坡度

　　坡道坡度关系到车辆进出口和上下方便程度，对长度和面积也有影响。根据要求，小轿车爬坡能力为 18° ～ 24°，中型货车为 22° ～ 28°。坡度既不能太大，又不能太小，太大爬坡困难，太小坡道太长。

　　最大纵向坡度不应大于 17%，德国要求为 15%，英、美、法和前苏联各为 10%、10%、14% 和 16%。实际上日本常用 12% ～ 15%，德国为 10% ～ 15%。根据我国实际情况，地下汽车库坡道纵向坡度建议值为 10% ～ 15%，见表 4.13。

表 4.13　地下汽车库坡道的纵向坡度　　　　　　　　　　%

车型	直线坡道	曲线坡道	备注
小型车	10 ～ 15	8 ～ 12	高质量汽车可取上限值
中型车	8 ～ 13	6 ～ 10	

　　坡道横向也应设坡度，以便于排水，该坡度值为：直线段 1% ～ 2%，曲线段为 2% ～ 6%。曲线段坡度是横向超高，也可用公式（4 - 5）计算，即

$$i_c = \frac{v^2}{127R} - \mu \tag{4 - 5}$$

　　式中　　i_c—— 横向坡度；

v——设计车速(km/h);

R——弯道平曲线半径(m);

μ——横向力系数(0.1 ~ 0.15)。

③ 坡道长度、宽度、高度

坡道长度取决于坡度(图4-39),计算面积可按水平投影乘以 $\cos \alpha$。表4.14为坡道升降高度3.5 ~ 7.0 m,坡度为10% ~ 15% 条件下的直线坡道各段长度。表4.15为坡道宽度最小建议值。表4.16为不同长度、宽度、坡度的直线坡道使用面积比较值。

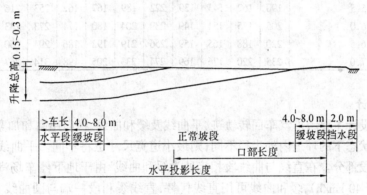

图4-39　直线坡道分段组成

表4.14　直线坡道各段长度

长度 坡度/% 升降高度/m	实际长度/m				水平投影长度/m				口部长度/m			
	10	12	14	15	10	12	14	15	10	12	14	15
3.5	43.2	37.3	33.3	32.5	43.0	37.1	33.2	32.0				
4.0	48.2	41.5	36.9	35.9	48.0	41.3	36.6	35.4				
4.5	53.3	45.7	40.5	39.3	53.0	45.5	40.2	38.7				
5.0	58.3	49.9	44.1	42.8	58.0	49.7	43.7	42.1	30.2	27.5	25.0	22.4
5.5	63.3	54.1	47.7	46.2	63.0	53.8	47.3	45.4				
6.0	68.3	58.3	51.3	49.6	68.0	58.0	50.9	48.7				
6.5	73.4	62.5	54.9	53.1	73.0	62.1	54.5	52.1				
7.0	78.4	66.7	58.5	56.2	78.0	66.3	58.1	55.4				

表4.15　地下汽车库坡道的最小宽度

坡道类型 最小宽度/m 设计车型宽度/m	直线单车坡道	直线双车坡道	曲线单车坡道	曲线双车坡道	
				里圈	外圈
1.8	3.0~3.5	5.5~6.5	4.2~4.8	4.2~4.8	3.6~4.2
2.5	3.5~4.0	7.0~7.5	5.0~5.5	5.0~5.5	4.4~5.0

表 4.16　不同高度、宽度、坡度的直线坡道使用面积

宽度 / m 坡度 / % 升降宽度 / m	3.0				3.5				4.0			
	10	12	14	15	10	12	14	15	10	12	14	15
3.5	130	112	100	98	151	131	117	114	173	149	133	130
4.0	145	125	111	108	169	146	129	126	193	166	148	144
4.5	160	137	122	118	187	160	142	138	213	183	162	157
5.0	175	150	132	128	204	175	156	150	233	200	176	169
5.5	190	162	143	139	222	189	167	162	253	216	191	185
6.0	205	175	154	149	239	204	180	174	273	233	205	198
6.5	220	188	165	159	256	219	192	186	294	250	220	212
7.0	235	220	176	169	274	233	205	198	314	267	234	226

2. 通道设计

汽车通道设计主要考虑汽车回转轨迹,平曲线及缓和曲线,横向超高和加宽。回转轨迹表明当汽车回转状态下的环道内外半径不同,则最小道宽尺寸也将不同。平曲线是指通道中非直线段的曲线段部分。在直线与曲线段相接处为缓和曲线,由于地下停车场汽车进入时行驶速度较低(小于 40 km/h),缓和曲线可用直线代替,直线缓和段一端与圆曲线相切,另一端与直线相接处予以圆顺,不设缓和曲线的临界半径 $R = 0.144\ v^2$, v 为汽车行驶速度,表 4.17 为不设缓和曲线时的半径及其临界值。

表 4.17　不设缓和曲线的半径及其临界值

计算车速/(km·h^{-1})	40	30	20
不设缓和曲线的临界曲线半径 R/cm	230	130	58
不设缓和曲线的半径 R/m	600	350	150

如果利用式(4－5)计算停车场曲线道路最大超高值可见表 4.18 所示。

表 4.18　圆曲线半径

计算行车速度/(km·h^{-1})	80	60	50	40	30	20	
不设超高最小半径/m	1 000	600	400	300	150	70	
设超高推荐半径/m	400	300	200	150	85	40	
设超高最小半径/m	250	150	100	70	40	20	

在曲线段,汽车行驶道路的宽度要比直线段大,因此,曲线段必须加宽,按公路建设标准规定,当曲线半径等于或小于 250 m 时,应在曲线的内侧加宽,且加宽值不变,地下停车场通道设计应按城市道路曲线加宽取值,见表 4.19 所示。

表 4.19 城市道路曲线加宽值

加宽值/m 曲线半径/m 车型	200 < R ≤250	150 < R ≤200	100 < R ≤150	40 < R ≤100	30 < R ≤50	20 < R ≤40	15 < R ≤30	20 < R ≤30	15 < R ≤20
小型	0.28	0.30	0.32	0.35	0.39	0.40	0.45	0.60	0.70
普通汽车	0.40	0.45	0.60	0.70	0.90	1.00	1.30	1.80	2.40
铰接车	0.45	0.55	0.75	0.95	1.25	1.50	1.90	2.80	3.50

加宽值由直线段开始,逐渐按比例增加到圆曲线起点处的全加宽值,在圆曲线段加宽值不变。

第五节 地下停车场防火

地下停车场或车库防火问题十分重要,良好的防火措施是为了防止和减少火灾对汽车库、停车场的危害,以保障人员及财产的安全。在汽车库防火规范中,停车场的概念常常是露天场地和构筑物,而地下停车场并非是露天停放,因此,地下停车场也就是地下停车库。

一、防火分类和耐火等级

地下停车场防火分类应为四类,每类应符合表 4.20 的规定。

表 4.20 车库的防火分类

数量/辆 类别 名称	Ⅰ	Ⅱ	Ⅲ	Ⅳ
汽车库	> 300	151 ~ 300	51 ~ 150	≤ 50
修车库	> 15	6 ~ 15	3 ~ 5	≤ 2
停车场	> 400	251 ~ 400	101 ~ 250	≤ 100

注:汽车库的屋面停放汽车时,其停车数量应计算总在车辆数内。

汽车库、修车库的耐火等级分为三级。各级耐火等级建筑构件的燃烧性能和耐火极限不低于表 4.21 中的规定。

表 4.21 各级耐火等级建筑物构件

燃烧性能和耐火极限 构件名称		耐火等级		
		一级	二级	三级
墙	防火墙(不燃烧体)	3.00	3.00	3.00
	承重墙、楼梯间墙、防火隔墙(不燃烧体)	2.00	2.00	2.00
	隔墙、框架填充墙(不燃烧体)	0.75	0.50	0.50

续表 4.21

构件名称		燃烧性能和耐火极限 耐火等级		
		一级	二级	三级
柱	支承多层的柱(不燃烧体)	3.00	2.50	2.50
	支承单层的柱(不燃烧体)	2.50	2.00	2.00
梁(不燃烧体)		2.00	1.50	1.00
楼板(不燃烧体)		1.50	1.00	0.50
疏散楼梯、坡道(不燃烧体)		1.50	1.00	1.00
层顶承重构件(不燃烧体)		1.50	0.50	燃烧体
吊顶(含格栅)		0.25	0.25	0.15 难燃烧体

注:除注明外,均为不燃烧体,预制钢筋混凝土构件的节点缝隙或金属承重构件的外露部位应加设防火保护层,其耐火极限不应低于本表相应构件的规定。

二、平面布置和总平面布局的防火要求

(1) 汽车库不应与甲、乙类生产厂房、库房以及托儿所、幼儿园、养老院组合建造;不应布置在有易燃、可燃液体或可燃气体的生产装置区和贮存区内;当病房楼与汽车库有完全的防火分隔时,病房楼的地下可设置汽车库。

(2) Ⅰ类汽车库应单独建造;Ⅱ、Ⅲ、Ⅳ类汽车库可设置在一、二级耐火等级的建筑物的首层或与其贴邻建造,但不得与甲、乙类生产厂房、库房、明火作业的车间或托儿所、幼儿园、养老院、病房楼及人员密集的公共活动场所组合或贴邻建造。

(3) Ⅰ、Ⅱ类汽车库、停车场宜设置耐火等级不低于二级的消防器材间。

(4) 汽车库的防火间距,包括车库之间及与其他建筑之间,与易燃、易爆物品之间的防火距离可参照 GB 50067 - 97 防火规范要求设计。

(5) 汽车库及修车库周围应设环形车道,当有困难时,应设有消防车道并利用交通道路。消防车道净宽及净高不宜小于 4 m。

三、防火分区及安全疏散

(1) 地下汽车库应设防火墙划分防火分区,每个防火分区的最大允许建筑面积为 2 000 m²,如在汽车库内设有自动灭火系统时,其防火分区的最大允许建筑面积可为 4 000 m²。

(2) 电梯井、管道井、电缆井和楼梯间应分开设置。疏散楼梯的宽度不应小于 1.1 m。

(3) 汽车库、修车库的室内疏散楼梯应设置封闭楼梯间,其楼梯间前室的门应采用乙级防火门。

(4) 汽车库室内最远工作地点至楼梯间的距离不应超过 45 m,当设有自动灭火系统时,其

距离不应超过 60 m。

(5) 汽车疏散坡道的宽度不应小于 4 m, 双车道不应小于 7 m, 两个汽车疏散出口之间的间距不应小于 10 m, 汽车库疏散出口应不少于 2 个。Ⅳ类汽车库、Ⅲ类少于 100 辆的地下车库及双车道疏散的汽车库可设 1 个出口。

对于汽车在启动后不需要调头、倒车而直接驶出的汽车库, 汽车与汽车、汽车与墙、汽车与柱之间的间距应满足表 4.22 的规定。

表 4.22 汽车与汽车之间以及汽车与墙柱之间的间距

汽车尺寸 / m 间距 / m	车长≤6 或 车宽≤1.8	6<车长≤8 或 1.8<车宽≤2.2	8<车长≤12 或 2.2<车宽≤2.5	车长>12 或 车宽>2.5
汽车与汽车	0.5	0.7	0.8	0.9
汽车与墙	0.5	0.5	0.5	0.5
汽车与柱	0.3	0.3	0.4	0.4

第五章　城市地下铁道

第一节　地下铁道的特点及发展

世界各国大中城市修建地下铁道是城市发展到一定规模的结果。城市运输的形式有很多,而地下铁道作为城市运输的重要组成部分,起着越来越重要的作用。它是一种很有发展前景的高效率的交通工具。

地下铁道是在城市地面以下修筑的以轻轨电动高速机车运送乘客的公共交通系统,简称地铁。地下铁道可以同地面或高架桥铁道相连通,形成完整的交通网。

一、地下铁道的主要特点

目前在地面公共交通方面主要存在的问题有以下几点:

① 人流、车流交叉、拥挤,道路已经饱和,这是大中城市存在的一个突出矛盾;

② 车行难、车速慢,目前许多城市的平均车速下降到 20 km/h 以下;

③ 地面环境噪音太大,污染严重;

④ 机动车交叉路口堵车现象十分严重;

⑤ 车流、人流混杂,交通事故增加,给国家、个人造成很大的损失;

⑥ 由于车行慢,给运输带来困难,过往车辆不能及时通过,延误乘客时间。

而地铁的建造有效地解决了上述矛盾。它不仅可以节约地面空间,同时具有安全可靠、速度快、省时(是地面的 30% ~ 50%)、准时、全立交、极大地降低交通事故,大气环境得到改善等优越性。对于人为的灾害(战争等)及自然灾害(地震、火灾等)具有一定的设防能力。

因此,在大中城市建造地铁是解决城市交通矛盾的有效途径。由于目前城市功能要求的复杂性,许多国家都把地铁建设同城市规划相结合。如日本名古屋的地铁,前苏联莫斯科的地铁,都是同地下街相结合,西德汉堡把地面公路和地下铁道相结合,西德慕尼黑卡尔广场地下空间深达 6 层,它把地铁车站同地下商场、停车场、步行过街结合起来。由此可以看出,地铁站及线路规划设计对城市规划影响是相当大的,因此,地铁必须同其他地下空间建设统一研究。

目前建造地铁投资额非常大,据上海、广州的建设经验,地铁每公里投资已达 2 亿元人民币以上。因此,地铁建造还要根据经济状况决定,当经济条件尚不具备时,建造地铁也是很困难的。地铁线路规划及建造在开发形成后就具有使用价值,并能创造出经济效益。但是,地铁建设的开发价值表现出一种非盈利性的,甚至用直接经济效益较难衡量,这不等于没有开发价值,它主要的经济价值表现在社会效益上,间接促进社会经济发展,类似于地下公用设施、公路、桥梁及防灾工程所体现的价值。

二、国内外地下铁道发展状况

世界上第一条地下铁道是 1863 年 1 月 10 日在英国伦敦建成并通车的。它采用明挖法施工,蒸汽机车牵引,线路长度约 6.4 km。1890 年 12 月 18 日伦敦又建成了一条由电气机车牵引的地下铁道并投入运营,它采用盾构法施工,线路长达约 5.2 km。此后,按时间先后排序为 1892 年美国芝加哥(10.5 km)与匈牙利布达佩斯,1897 年英国格拉斯哥(缆索牵引,1936 年改为电力牵引),1898 年美国波士顿及奥地利维也纳,1900 年法国巴黎(14 km),都先后建设了地下铁道。20 世纪上半叶有柏林、纽约、东京、雅典、莫斯科等 12 座城市建造了地下铁道。从 1863 ~ 1963 年的 100 年间,世界各国建有地铁的城市共计 26 座。从 1964 ~ 1980 年的 16 年中又有 33 座城市建有地铁;从 1980 ~ 1985 年的 5 年中又有 16 座城市建有地铁。1985 年全世界地铁线路全长 4 767 km,运营总里程为 3 000 多 km。

各国的地铁特色不同,最快的地铁为美国旧金山“巴特”地铁,它全长 120 km,地下部分长 37 km,穿越 5.8 km 的海底隧道(深 30 ~ 40 m),平均时速为 90 km,最快时速为 128 km。

最豪华的地铁为莫斯科地铁,同时也是运输量最多的地铁,它有“欧洲地下宫殿”之称。九条线路纵横交错,线路总长 146.5 km,103 个车站内圆雕、浮雕各具特色,仿佛是一座艺术博物馆。

最长的地铁为美国纽约地铁,有“世界地铁之最”之称,线路 30 条,全长 432.4 km,498 个车站。

最清新的地铁为新加坡地铁,明亮、清洁、安全为其主要特色。

最方便的地铁当属巴黎地铁,每天发车 4 960 列,主要的出入口均设电脑显示屏,一目了然,换乘方便。

最先进的地铁当属法国里昂地铁,全部由微机控制,无人驾驶,轻便、省钱、省电,车辆运营噪声和振动都很小。

我国地铁建设起步于 1965 年 7 月,在北京建设的地铁第一期工程,全长 22.17 km,1971 年竣工并投入使用,二期工程环线 16.1 km 也已通车,后又兴建西单至通县段。天津地铁 1970

年动工,1980 年通车(7.4 km);上海第一条 14.57 km 的南北地铁一号线于 1995 年正式通车。香港地铁始建于 1975 年,1980 年 MIS(Modifid Initial System)系统全部完工并运营。目前还有相当多的百万以上人口的城市正修建或计划筹建地铁或快速轻轨交通。表 5.1 为世界主要国家地铁修建情况。

表 5.1　世界主要国家地铁建设概况

国家	城市	通车年代	人口/万人	线路条数	线路长度/km		车站数目
					全长	地下	
美国	纽约	1867	730	29	443	280	504
	芝加哥	1892	370	6	174	18	143
	波士顿	1898	150	3	34.4	19	39
	旧金山	1972	71.5	4	115	37.4	36
	华盛顿	1976	64	4	112	53	60
	亚特兰大	1979	120	2	52.3	7	29
	巴的摩尔	1983	80	1	22.4	12.8	12
英、法、德	伦敦	1863	670	9	408	167	273
	格拉斯哥	1897	75.1	1	10.4	10.4	15
	巴黎	1900	210	15	199	175	367
	柏林	1902	320	10	134	106	132
	汉堡	1912	160	7	92.7	34.3	82
	法兰克福	1968	62	7	57	12	77
	慕尼黑	1971	130	6	56.5	43	63
前苏联	莫斯科	1935	880	9	246	200	143
	第比利斯	1966	110	2	23	16.4	20
日本	东京	1927	1190	10	219	182	207
	大阪	1933	260	6	99.1	88.6	79
	名古屋	1957	210	5	66.5	58	66
	札幌	1971	160	3	39.7	28.6	33
	横滨	1972	320	2	22.1	22.1	20
世界各国地铁 1863～1988 年	总线路 条数	334	总线路 长度/km		3625.5	建地铁 城市数	82

三、地下铁道是城市的重要运输设施

由表 5.1 可以看出,地下铁道建设已经遍及全世界。130 多年以来,地铁的发展已不是单一的地下铁道,而是同城市的其他地下功能组合建造并逐渐形成"地下城市",其主要方式为综合性、立体性、高速快捷、四通八达,其主要特点是:

(1) 地下铁道同地下街、地下车库相结合,并列或垂直设计在岩土介质中。在较大的交通枢纽处,设置一定规模的立交地铁站,同地下街、地下车库相联系。

(2) 地下铁道已不单纯设在地下,必要时同地面轻轨、高架轨道相结合,形成地下、地面、高架桥为一体的立体交通系统。

(3) 地下铁道建设按照总体规划分期完成,从规模上出现越山,跨河、跨海,由城市中心扩散至卫星城,直至城市远区。

(4) 地下铁道按平均时速分类,低速为 30 ~ 40 km/h,中速为 70 ~ 80 km/h,高速为 100 多 km/h。趋势是出城市范围将向更高速度发展。

(5) 地下铁道运营管理更先进、方便、清洁、无污染,将成为 21 世纪城区主要交通工具。

(6) 地下铁道在防灾能力方面将成为保护人们安全,疏散人员的重要交通工具。

值得注意的是,地下铁道建设造价很高,并不是很多城市都有能力建造的,尽管有些经济不太发达的城市存在很多矛盾,仍无能力大规模开发地下空间,但伴随着社会的进步、经济的发展,开发地下是不可避免的。有些研究表明,认为人口超过 100 万的城市及在人均年产值大于 500 美元的经济条件下,可进入开发地下的起动阶段。所以,地下空间开发应伴随城市的发展规模及经济上的实力才成为可能。

第二节　地下铁道线路网的规划设计

城市地下铁道的规划是城市总体规划的重要组成部分,因此,应服从于城市总体规划的要求。常常出现城市总体规划一开始并未考虑地铁规划,当规划地铁时才发现原规划有不完善的地方,所以地铁规划应包括近、中、远期的规划及同地面规划之间相互关系和影响。

地铁规划在我国目前尚无公认的理论和规定可循,仍处在摸索经验阶段,需要不断总结经验,加速我国地铁建设的进程。

一、地铁线路网的规划原则

(1) 地铁规划应同地面城市规划相结合,必须考虑近期一条、二条及远期多条地铁线路网的布置及同城市道路、人口密度的总体关系。地铁设计年限分为近、远两期,近期宜为交付运营后第 10 年;远期不宜小于交付运营后第 25 年。

(2) 地铁建设的目的是为了解决城市交通的需要,通常,规划应充分利用地面交通道路网,并贯穿城市的人口集散、繁华、交通流量大的地段。考虑到至少应有一个车辆段设置连接地面的铁路专用线。

(3) 地铁规划应考虑到地面轻轨、高架轻轨及整体系统交通网络,并研究相应的布局。其规模、设备容量及车辆段用地,应按预测的远期客流量和通过能力确定。对于分期建设的工程和配置的设备,应考虑分期扩建和增设。

(4) 地铁建设应同一定规模的其他地下建筑相连接,如地下街、下沉式广场、地下停车场、防护疏散通道等。

(5) 地铁建设中必须周密考虑车站的位置及形式、设备因素、埋深、施工方法,以及穿越山、河、特殊地段、地面建筑及地下管线设施等。

(6) 地铁线路规划要根据现时及远期财力、施工及技术水平,考虑可能出现的各种困难。

(7) 由于地铁设在地下,具有良好的防护能力,因而要考虑到其防护防灾的效果及在应急状态下的运输、疏散及与其他防灾单元的联系。

(8) 地下铁道线路远期最大通过能力为每小时不应少于 30 对列车。线路为右侧行车双线线路,采用 1 435 mm 标准轨距。

二、地铁线路网的形式

地铁线路网有多种形式,通常有单线式、单环式及由其组成的放射形、棋盘形等。线路网覆盖整个城区并向城外郊区辐射。

1. 单线式

单线式是由一条轨道组成的地铁线路,常用于城市人口不多,对运输量要求不高的中小城市。图 5-1 为意大利罗马地铁线路网示意图。

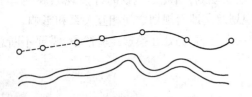
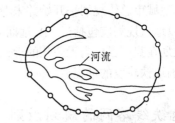

河流

图 5-1　意大利罗马单线式线路网　　　　图 5-2　英国格拉斯哥单环式线路网

2. 单环式

单环式设置原则同单线式,它将线路闭合形成环路,这样可以减少折返设备。图 5-2 为英国格拉斯哥地铁环形线路网示意图。

3. 放射式

放射式又称辐射式,是将单线式地铁网汇集在一个或几个中心,通过换乘站从一条线换乘到另一条线。此种形式常规划在呈放射状布局的城市街道下。图 5-3 为美国波士顿地铁线路网示意图。图 5 - 4 为伦敦地铁线路网示意图。

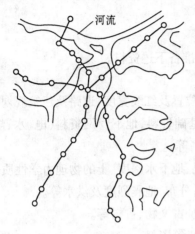

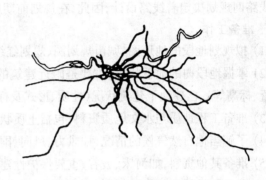

图 5 - 3　美国波士顿放射式线路网　　　　图 5 - 4　伦敦放射式线路网

4. 蛛网式

蛛网式由放射式和环式组成,此种形式运输能力大,是大多数大城市地铁建造的主要形式。蛛网式地铁通常不是一期完成的,而是分期完成,首先完成单线或单环,然后完成直线段。图 5 - 5 为莫斯科地铁线路网示意图。

5. 棋盘式

棋盘式由数条纵横交错布置的线路网组成,大多与城市道路走向相吻合。此种形式特点是客流量分散、增加换乘次数、车站设备复杂。图 5 - 6 为美国纽约地铁线路网示意图。

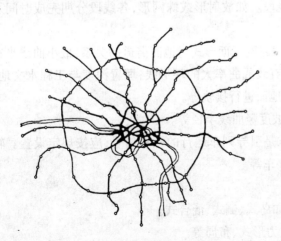

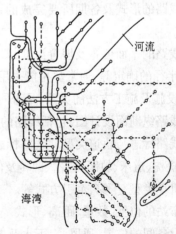

图 5 - 5　莫斯科蛛网式线路网　　　　图 5 - 6　美国纽约棋盘式线路网

三、地铁线路网的规划设计

线路网规划决定着线路设计,因此,在规划前期应准备下述资料。

1. 准备工作

(1) 拟规划地段的地形图、城市规划图、规划红线位置及红线宽度、道路及建筑规划模式。

(2) 掌握地段内的地下状况,主要是附近建筑的基础资料,地下管网资料(电、水、煤气等的位置、标高等),已建地下建筑状况(性质、形式及标高等)。

(3) 准备工程地质与水文地质资料,包括土质状况、地下水深度、土的物理力学性质等。

(4) 了解当地自然气候的情况,如风力、风向、雨雪分布、地震烈度及洪水等。

(5) 准备其他资料,如河床、坡谷、重要保护性建筑、古文物、古树等。

(6) 获取地铁线路的防护等级、基本要求、防火等级等资料。

(7) 调查预测近期和远期列车编组的车辆数,由近期、远期客流量和车辆定员数确定。车辆定员数为车厢座位数和空余面积上站立的乘客数之和,车厢空余面积应按每平方米站立 6 名乘客计算。

2. 规划设计内容

根据准备资料,再经过调查研究、勘测及方案比较来进行。勘测设计必须按已经批准的可行性论证报告及上级有关主管部门批复的文件进行。

线路规划设计要完成以下内容:

(1) 线路的形式及各期所要完成的线段。如放射形或蛛网形,各线段分期完成时间及远期规划。

(2) 线路的平面位置及埋置深度,即线路网平面形式与地面街道的关系,最小曲线半径与缓和曲线半径的确定等,通常尽可能采用直线或曲率大的环形线;埋置深度与工程水文地质、其他地下设施及施工方法的关系,是否同地面进行接轨等。

(3) 线路纵断面设计图,包括线路的坡度竖曲线半径等。

(4) 线路标志与轨道类型。线路标志是引导列车运行的一种信号,应按规定设置。轨道形式包括轨枕、道床、轨距、道岔、回转及停车等。

(5) 机车类型、厂家、牵引方式等。

(6) 车站的位置、数量、距离、形式。如岛式、侧式、混合式。

(7) 设备间的位置、通风、上下水及电力形式、布局等。

(8) 线路内的障碍物状况及解决办法。如管线的影响、改造方案、协调管理措施等。

(9) 总体说明。包括城市状况、建造地铁的意义、上级主管的意见、建设规模及设计施工方案等。

（10）技术经济比较论证。包括筹建措施、技术、经济的可行性论证、社会经济效益等。

3. 线路设计的一般技术

线路设计是指地铁线路网的调查、勘测、规划、设计等工作，在设计过程中有许多技术问题需要解决，主要的技术问题及基本规则必须保证。地铁线路按其在运营中的作用，分为正线、辅助线和车场线。

（1）线路平面设计中的重要技术参数

① 最小曲线半径的确定　最小曲线半径是指当列车以求得的"平衡速度"通过曲线时，能够保证列车安全、稳定运行的圆曲线半径的最低限值。

最小曲线半径的计算公式为

$$R_{\min} = \frac{11.8 v^2}{h_{\max} + h_{qy}} \qquad (5-1)$$

式中　　$R_{\min}$——满足欠超高要求的最小曲线半径（m）；

v——设计速度（km/h）；

$h_{\max}$——最大超高，120 mm；

h_{qy}——允许欠超高（$h_{qy} = 153 \times a$）；

a——当速度要求超过设置最大超高值时，产生的未被平衡离心加速度，规范规定取 0.40 m/s^2。

当列车在曲线上运行产生离心力，通常以设置超高 $h = 11.8\ v^2/R$ 产生的向心力来平衡离心力。R 一定时，v 越大则 h 越大，规定 $h_{\max} = 120$ mm，当车速要求超过设置最大超高值时，就会产生未被平衡的离心加速度 a，则允许欠超高值为

$$h_{qy} = 153 \times 0.4 = 61.2 \text{ mm}$$

我国目前取 $R_{\min} = 300$ m，若在困难条件下，取 $R_{\min} = 250$ m，则列车速度能达到表5.2中所列的数值，此值是根据北京一、二期地铁运营中对钢轨磨耗现象确定的。

表 5.2　地下铁道列车运行速度值

v /(m·s^{-1})　　　a /(m·s^{-2})　　　　R / m	0	0.4
300	55.25	67.90
250	50.42	61.96

目前，国内外城市地铁最小曲线半径是有差别的，如表5.3所示。

表 5.3　某些城市、地区及国家地下铁道最小曲线半径

城市、地区及国家	一般情况 /m			困难情况 /m		
	正线	辅助线	车场线	正线	辅助线	车场线
北京	300	200	110	250	150	30
香港	300	200	140			
俄罗斯	600	150	75	300	100	60
匈牙利	400	150	75	250	100	60

　　表 5.3 中正线是指列车载客高速运行的线路,辅助线是指为保证正线运营而配置的非载客状态下低速行驶的线路,车场线是指列车非运营的场区作业线路。

　　② 缓和曲线确定　　地铁线路中直线与圆曲线相交处的曲线称为缓和曲线(图 5 - 7)。其目的是为了满足曲率过渡、轨距加宽和超高过渡的需要。

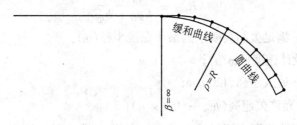

图 5 - 7　缓和曲线示意图

　　缓和曲线的半径是变化的,与直线连接一端为无穷大,逐渐变化到等于所要连接的圆曲线半径(R)。我国铁路的缓和曲线半径采用三次抛物线型,其缓和曲线方程式为

$$y = \frac{x^3}{6C} \tag{5 - 2}$$

式中　　C—— 缓和曲线的半径变化率,$C = \dfrac{Sva^2}{gi} = \rho L = Rl$;

　　　　R—— 曲线半径(m);

　　　　S—— 两股钢轨轨顶中线间距,1 500 mm;

　　　　v—— 设计速度(km/h);

　　　　a—— 圆曲线上未被平衡的离心加速度(m/s²);

　　　　g—— 重力加速度,9.81 m/s²;

　　　　i—— 超高顺坡(‰);

　　　　ρ—— 相应于缓和曲线长度为 L 处的曲率半径(m);

　　　　L—— 缓和曲线上某一点至起始点的长度(m);

　　　　l—— 缓和曲线全长(m)。

缓和曲线长度的分析与计算按下述情况考虑。

a. 按超高顺坡率的要求计算

一般超高顺坡率不宜大于 2‰，困难地段不应大于 3‰，按此要求，缓和曲线的最小长度为

$$L_1 \geqslant \frac{h}{2} \sim \frac{h}{3} \tag{5-3}$$

式中　　L_1——缓和曲线长度(m)；

　　　　h——圆曲线实设超高(m)。

b. 按限制超高时变率保证乘客舒适度分析计算

$$L_2 \geqslant \frac{hv}{3.6f} \tag{5-4}$$

式中　　L_2——缓和曲线长度(m)；

　　　　v——设计速度(km/h)；

　　　　f——允许的超高时变率，$f = 40$ mm/s。

允许超高时变率 f 值，是乘客舒适应的一个标准，主要应依据实测来决定。

当 $f = 40$ mm/s 时

$$L_2 \geqslant \frac{hv}{3.6f} = 0.007vh \tag{5-5}$$

以最大超高 $h_{max} = 120$ mm 代入

$$L_2 \geqslant 0.84v \tag{5-6}$$

c. 从限制未被平衡的离心加速度时变率保证乘客舒适分析计算

$$\beta = \frac{av}{3.6L_3} \tag{5-7}$$

$$L_3 \geqslant \frac{av}{3.6\beta} \tag{5-8}$$

$$L_3 \geqslant \frac{0.4v}{3.6 \times 0.3} = 0.37v \tag{5-9}$$

$$0.37v \leqslant L_3 < 0.84v \tag{5-10}$$

式中　　a——圆曲线上未被平衡离心加速度(0.4 m/s^2)；

　　　　β——离心加速度时变率，《规范》取 $\beta = 0.3$ m/s^3；

　　　　L_3——缓和曲线长度(m)。

圆曲线上的未被平衡的离心加速度 a 值应按一定的增长率 β 值逐步实现，不能突然产生或消失，否则乘客会感到不舒适。地面铁路 $\beta = 0.29 \sim 0.34$ m/s^3，英国实测认为，当 $\beta = 0.4$ m/s^3 时，乘客舒适度接近于感觉到的边缘。

说明 β 值对缓和曲线长度不起控制作用，对缓和曲线长度起控制作用的应是满足式(5-3)、(5-5) 两式要求，即

$$L_1 \geqslant \frac{h}{2} \sim \frac{h}{3}$$

$$L_2 \geqslant 0.007\,vh$$

③ 缓和曲线长度　　如果在正线上,当曲线半径等于或小于 2 000 m 时,圆曲线与直线间的缓和曲线应根据曲线半径及行车速度按表 5.4 查取。

表 5.4　缓和曲线长度表

v / L / R	90	85	80	75	70	65	60	55	50	45	40	35	30
2 000	30	25	–	–	–	–	–	–	–	–	–	–	–
1 500	40	35	30	25	20	20	20	20	–	–	–	–	–
1 200	50	40	35	30	25	20	20	20	–	–	–	–	–
1 000	60	50	45	35	30	25	20	20	20	–	–	–	–
800	75	60	55	45	35	30	30	25	20	20	–	–	–
700	75	70	65	50	40	35	30	25	20	20	–	–	–
600	75	70	70	60	50	45	35	30	20	20	20	–	–
500	–	70	70	65	60	50	45	35	20	20	20	20	–
450	–	–	70	65	60	55	50	40	25	20	20	20	–
400	–	–	–	65	60	60	55	45	25	20	20	20	–
350	–	–	–	60	60	60	50	30	25	20	20	20	
300	–	–	–	–	60	60	60	35	30	25	20	20	
250	–	–	–	–	–	60	60	40	30	25	20	20	
240	–	–	–	–	–	–	40	35	30	20			
230	–	–	–	–	–	–	40	35	30	20			
220	–	–	–	–	–	–	40	35	30	25	20		
210	–	–	–	–	–	–	40	40	30	25	20		
200	–	–	–	–	–	–	40	40	35	30	20		
190	–	–	–	–	–	–	40	40	35	25	20		
180	–	–	–	–	–	–	40	40	35	30	20		
170	–	–	–	–	–	–	40	40	40	30	20		
160	–	–	–	–	–	–	–	40	40	30	25		
150	–	–	–	–	–	–	–	40	40	35	25		

注:R— 曲线半径(m);v— 设计速度(km/h);L— 缓和曲线长度(m)。

根据表 5.4,并考虑超高顺坡的要求,在一定的时速范围内,曲线上的缓和曲线长度计取方法如下

当 $v \leqslant 50$ km/h 时,缓和曲线长度 $L = \frac{h}{3} \geqslant 20$ m;

当 $50 \text{ km/h} < v \leqslant 70 \text{ km/h}$ 时，$L = \dfrac{h}{2} \geqslant 20 \text{ m}$；

当 $70 \text{ km/h} < v \leqslant 3.2\sqrt{R}$ 时，$L = 0.007vh \geqslant 20 \text{ m}$。

缓和曲线的最小长度为 20 m，主要是按照不短于一节车厢的全轴距而确定的。

由表 5.4 看出，有些情况可不设缓和曲线。是否设置则视曲线半径(R)、时变率 β 是否能符合不大于 0.3 m/s^3 的规定而定，否则就要设置缓和曲线。若不设缓和曲线的曲线半径应按允许的未被平衡的离心加速度时变率计算确定，即

$$R \geqslant \frac{11.8\ v^3 g}{1500 \times 3.6 L\beta + Livg/2} \tag{5-11}$$

式中　　L——车辆长度(19 m)；

β——未被平衡离心加速度时变率(0.3 m/s^3)；

i——超高顺坡率($2‰ \sim 3‰$)；

g——重力加速度(9.81 m/s^2)；

v——设计速度(km/h)。

若以 $v = 90 \text{ km/h}$，$i = 2‰$，$L = 19 \text{ m}$，代入式(5-11)，可得 $R \approx 1774.5 \text{ m}$，所以，曲线半径等于或小于 2 000 m 时应设缓和曲线。

对于线路中的平面圆曲线(正线及辅助线)最小长度不宜小于 20 m，在困难情况下，不得小于一个车辆的全轴距。两个圆滑曲线(正线及辅助线)间夹直线长度不应小于 20 m；车场线上的夹直线长度不得小于 3 m。通常情况下不得采用复曲线。车站站台应设在曲线段，在困难地段，车站还必须设在曲线段时，曲线半径不应小于 800 m。

(2) 线路设计中的纵断面设计要求

① 坡度　　地铁纵向线路坡度按表 5.5 中规定设计。

表 5.5　线路坡度

路段	正线	辅助线	车站	车场线	坡道	道岔	折返与存车
最大坡度	30‰	40‰	5‰	1.5‰	5‰	5‰	
最小坡度	3‰	3‰	2‰	—	—		2‰
极限状况	35‰	—	—			10‰	100‰

② 竖曲线半径　　为保证车辆安全运行，当相邻坡段的坡度代数差等于或大于 2‰ 时，应设竖曲线连接，竖曲线半径(R_v)应符合表 5.6 的规定。

表 5.6　竖曲线的半径

线　　　别		一般情况 /m	困难情况 /m
正线	区　　间	5 000	3 000
	车站端部	3 000	2 000
辅助线		2 000	
车场线		2 000	

R_v 与 v、a_v 的关系为

$$R_v = \frac{v^2}{(3.6)^2 a_v} \qquad\qquad (5-12)$$

式中　　v——行车速度(km/h);

　　　　a_v——列车变坡点产生的附加加速度(m/s²),一般情况下 $a_v = 0.1$ m/s²,困难情况下 $a_v = 0.17$ m/s²。

同时规定车站站台及道岔不得设竖曲线,竖曲线离开道岔端部的距离不应小于 5 m,竖曲线夹直线长度应大于 50 m。

(3) 线路轨道　　我国对线路轨道有一定的要求,主要有足够的强度、稳定性、弹性与耐久性,以及要符合绝缘、减振、防锈等要求,以保证列车安全平稳,快速运行。正线、辅助线一般采用 50 kg/m 以上的钢轨;车场线采用 43 kg/m 的钢轨。轨距是轨道上两根钢轨头部内侧间在线路中心线垂直方向上的距离,应在轨顶下规定处量取。国内标准轨距是在两钢轨内侧顶面下 16 mm 处测量,应为 1 435 mm。轨距变化率不得大于 30‰。

对于小半径曲线地段($R \leqslant 200$ m),为使列车能顺利通过,轨距按标准轨距适当加宽,加宽标准可见表 5.7。

表 5.7　辅助线和车场线曲线轨距加宽值

曲线半径 /m	加宽值 /mm
200 ~ 151	5
150 ~ 101	10
100 ~ 80	15

圆曲线的最大超高值为 120 mm。超高值的设置形式与道床材料有关,道床为混凝土整体道床的曲线超高,按内轨降低一半和外轨抬高一半的方式设置,碎石道床的曲线超高采取外轨抬高超高值的方式设置。

矩形隧道内混凝土整体道床的轨道建筑高度不宜小于 500 mm,圆形隧道的轨道建筑高度不宜小于 700 mm,混凝土强度等级宜为 C30,需要加强的地段应增设钢筋。道床面应有小于 3% 的横向排水坡,道床面至轨台面的距离宜为 30 ~ 40 mm。轨枕铺设数量在正线及辅助线的直线段和半径大于等于 400 m 的曲线地段,铺设短轨枕数为 1680 对,小于 400 m 以下的曲线地段和大坡道上,铺设 1760 对。

4. 地铁规划实例

(1) 哈尔滨轨道交通规划　　哈尔滨市在未来 20 年内拟规划的地铁有 5 条线路,其中 1 号线利用原有的地下隧道工程,全线总长 24.6 km,24 座车站,贯穿城市南北;2 号线由香坊区至

松花江畔,贯穿城市东西同1号线相交;3号线为环城线;4、5号线解决了市区与郊区的联系。该规划特点是顺应城市主要交通道路走向布局,近期为单线式,中期为单线与单环式组合,远期规划将可能形成蛛网式规划。图 5 - 8 为哈尔滨拟建 1、2 号线规划示意图。

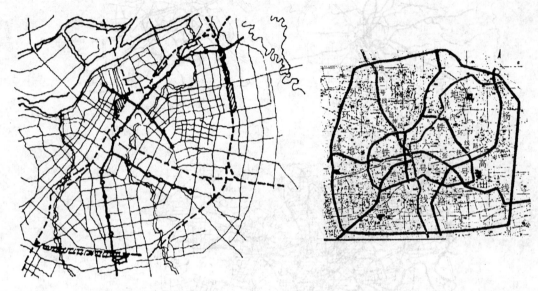

图 5 - 8　哈尔滨地铁规划　　　　　　　图 5 - 9　上海市地铁规划示意图

　　(2) 上海市轨道交通规划　　上海市轨道交通规划在 21 世纪主要由 11 条(375 km)地铁和10 条(177 km)轻轨组成。目前,地铁 1、2 号线已投入运营,2 号线为高架,在 2020 年前上海将初步形成 500 km 左右的地铁线路,其路网密度与莫斯科、柏林等城市相当,届时将极大促进城市的可持续发展。

　　上海地铁、规划类似蛛网式,由于城市密集,地铁线路规划也较密集、甚至穿越上部隧道、防汛墙、地面建筑基础,施工难度较大。上海地铁在建设中重视先进技术的应用,在盾构法隧道设计与施工技术上解决了诸多技术难题,取得了丰富的实践经验。图 5 - 9 为上海市地铁规划示意图。

　　图 5 - 10(a) 为日本东京地铁线路图;图 5 - 10(b) 为法国巴黎地铁线路规划实例;图5 - 10(c) 为莫斯科地铁规划,其基本特点是地铁建设规模很大,比我国一般大城市的公共汽车线路还要多,大多为环路与放射线相组合并一直延伸至市郊,线路规划基本与城市主要道路及原城市规划格式相吻合,在市中心较密集区放射至市区边缘。

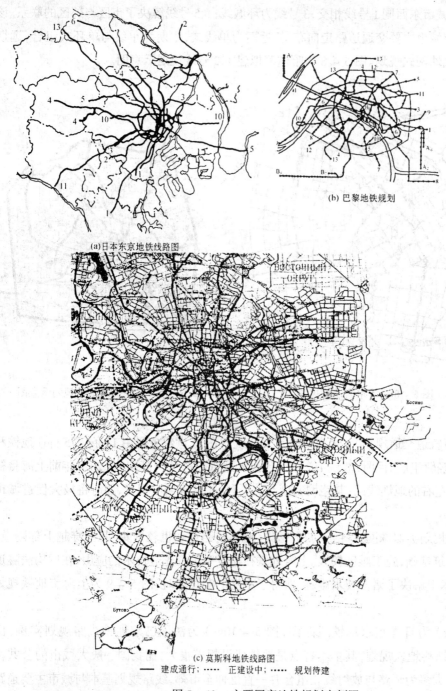

(a)日本东京地铁线路图

(b) 巴黎地铁规划

(c) 莫斯科地铁线路图

—— 建成通行;　…… 正建设中;　…… 规划待建

图 5 - 10　主要国家地铁规划实例图

第三节　　地下铁道隧道及区间设备段

地下铁道设计主要由三个部分组成,即地铁隧道、区间设备段及车站三个部分。图 5 - 11(a) 为浅埋,车站布置在纵向坡底,图 5 - 11(b) 为深埋,车站布置在纵坡变坡点顶部。一般在无特殊条件下,车站尽量布置在纵坡变坡点顶部,这样有利于列车运行。

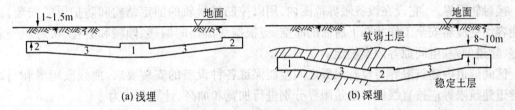

(a)浅埋　　　　　　　　　　　　　　　(b)深埋

图 5 - 11　地下铁道纵剖面示意图

1— 车站;2— 区间设备段;3— 隧道

一、地铁隧道

地铁隧道是机车运行的空间,也是联系车站的地下构筑物。它不仅要求有足够的尺寸,同时,必须满足排风、给排水、通讯、信号、照明、线路等工程的多种技术要求。地铁隧道是地铁中线路最长、工程量最大的一部分。

1. 限界

限界是确定地下铁道与行车有关的构筑物之间净空大小,也是确定运行和设备相互位置的依据。为了保证机车平稳安全运行,建筑空间尺寸必须保证车辆正常运行,车辆与建筑物内缘及各种设备之间应有合适的尺寸。

限界有车辆限界、设备限界、建筑限界、接触轨和接触网限界。图 5 - 12 为电动机车应符合的尺寸规定。

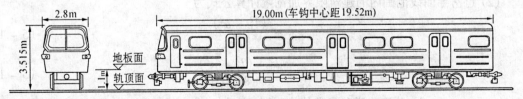

图 5 - 12　BJ - 2 型地铁电动机车主要尺寸

建筑限界　　它是隧道内垂直于线路中心线的最小有效的隧道净空,所有构筑物任何突出部分都不得侵入,应包含施工和测量误差及结构变形量。

车辆限界　它包括直线段和曲线段,是车辆在高速运行时纵横向偏移量及偏转角的极限位置,按可能产生最不利情况而进行组合计算的轮廓线,车辆任何部分不允许超出此限界之外。

设备限界　它是在车辆限界的基础上,考虑轨道可能的偏移、轨面的倾斜等因素,在某些地段出现最大容许误差而引起车辆的附加偏移量,以及在设计、施工、列车运行中不可预计因素在内的安全预留量。

接触轨限界　它设在设备限界范围内,用以控制接触轨的固定结构和防护罩的安装,以及能容纳受流器安全工作状态下所需的净空。应根据受流器的偏移、倾斜和磨耗,接触轨安装误差、轨道偏差、电间隙等因素确定。

区间隧道内建筑限界与设备限界之间应能保证各种设备的安装要求。曲线段矩形和马蹄形隧道建筑限界应按直线段的建筑限界分别进行加宽和加高,计算公式为

$$E_{内} = \frac{l_1^2 + a^2}{8R} + X_4\cos\alpha + Y_4\sin\alpha - X_4 \tag{5-13}$$

$$E_{外} = \frac{l_0^2 - (l_1^2 + a^2)}{8R} + X_8\cos\alpha - Y_8\sin\alpha - X_8 \tag{5-14}$$

$$E_{高} = Y_1\cos\alpha + X_1\sin\alpha - Y_1 \tag{5-15}$$

$$\alpha = \sin^{-1}h/s \tag{5-16}$$

式中　$E_{内}$、$E_{外}$、$E_{高}$ —— 分别为曲线内侧、外侧、高度增加值(mm);

　　　　l_0—— 车体长度(mm);

　　　　l_1—— 车辆定距(mm);

　　　　a—— 车辆固定轴距(mm);

　　　　R—— 圆曲线半径(mm);

　　　　h—— 超高值(mm);

　　　　s—— 内外轨中心距离(mm);

　　　　$(X_1,Y_1),(X_4,Y_4),(X_8,Y_8)$—— 分别为计算加宽和加高的控制点坐标值。

(2) 道岔导曲线范围内的建筑限界加宽量计算公式为

$$e_{内} = \frac{(l_1^2 + a^2)}{8R_0} \tag{5-17}$$

$$e_{外} = \frac{l_0^2 - (l_1^2 + a^2)}{8R_0} \tag{5-18}$$

式中　$e_{内},e_{外}$ —— 分别为道岔导曲线内、外加宽量(mm);

　　　　R_0—— 道岔导曲线半径(mm)。

(3) 竖曲线地段的建筑限界加高量按下列公式计算

$$\Delta H_1 = \frac{l_1^2 + a^2}{8R_1} \qquad (5-19)$$

$$\Delta H_2 = \frac{l_0^2 - (l_1^2 + a^2)}{8R_2} \qquad (5-20)$$

式中　　$\Delta H_1, \Delta H_2$——分别为凹凸形竖曲线加高量(mm)；

　　　　R_1, R_2——分别为凹凸形竖曲线半径(mm)。

（4）车站直线段的站台高度应低于车厢地板面,其高度差宜为 50～100 mm。站台边缘与车厢外侧面之间的空隙,宜采用 100 mm。

（5）直线地段隧道限界与坐标值规定如下：图 5-13、5-14、5-15、5-16 分别为区间隧道直线地段的矩形、马蹄形、圆形及车站直线段矩形隧道限界；图 5-17、5-18 为相应的节点。表 5.8、5.9、5.10 为车辆轮廓线、车辆限界、设备限界坐标值。

表 5.8　车辆轮廓线坐标值

点号\坐标	0	1	2	3	4	5	6	7	8	9	10	11	12	13	14	15	16	17	18	19	20	21	22
X	0	800	1 100	1 255	1 325	1 400	1 400	1 277	1 277	1 277	1 473	1 473	1 220	1 160	1 140	1 000	1 000	818	818	717.5	717.5	676.5	676.5
Y	3 515	3 515	3 435	3 350	3 250	1 860	600	600	350	210	185	105	105	150	150	100	100	0	0	0	25	-25	-100

表 5.9　车辆限界坐标值

点号\坐标	0′	1′$_{4上}$	2′$_{4上}$	3′$_{4下}$	4′$_{7下}$	5′$_{7下}$	6′$_{13 19下}$	7′$_{13 19下}$	J′	8′	9′	10′$_1$	10′$_2$	10′$_3$	11′$_1$	11′$_2$
X	0	881	1 181	1 368	1 502	1 520	1 471	1 348	1 307	1 307	1 308	1 425	1 460	1 515	1 515	1 510
Y	3 953	3593	3 515	3 415	3 241	1 849	463	463	463	307	241	275	275	220	140	124

点号\坐标	11′-12′$_1$	11′-12′$_2$	11′-12′$_3$	10′	11′	12′	13′	14′	15′	16′	17′	18′	19′	20′	21′	22′
X	1 455	1 382	1 365	1 504	1 504	1 251	1 191	1 167	1 027	1 027	845	845	717.5	717.5	649.5	649.5
Y	134	146	146	216	44	44	44	70	70	60	60	0	0	-45	-45	60

表 5.10　设备限界坐标值

点号\坐标	0′	1′$_{4上}$	2′$_{4上}$	3′$_{4下}$	4′$_{7下}$	5′$_{7下}$	6′$_{13 19下}$	7′$_{13 19下}$	8′	9′	10′	11′	12′	13′	14′	15′
X	0	917	1 218	1 406	1 592	1 600	1 545	1 545	1 625	1 625	935	935	717.5	717.5	627.5	627.5
Y	3 653	3 653	3.578	3 479	3 282	1 890	504	432	432	15	15	15	0	-70	-70	15

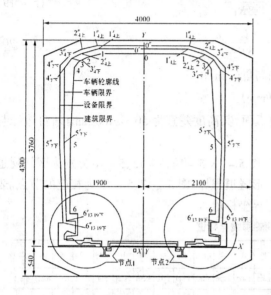

图 5 – 13　区间直线地段矩形隧道限界

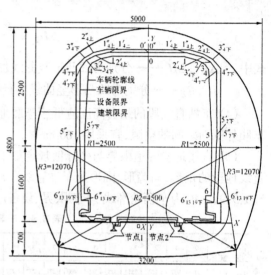

图 5 – 14　区间直线地段马蹄形隧道限界

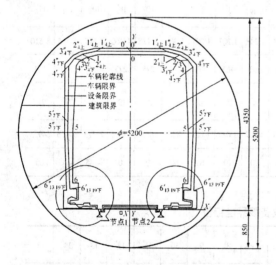

图 5 – 15　区间直线地段圆形隧道限界

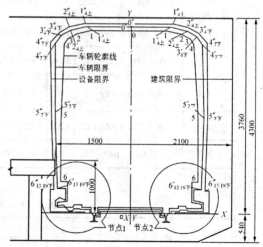

图 5 – 16　车站直线地段矩形隧道限界

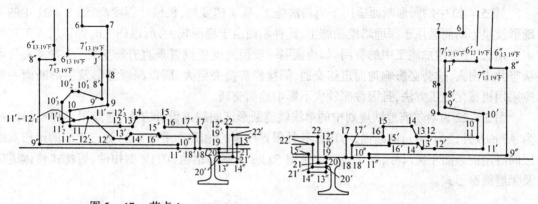

图 5 - 17　节点 1

图 5 - 18　节点 2

2. 隧道断面

地铁隧道断面尺寸由限界确定,断面形式根据结构特征、水文地质、施工方案来确定。通常有以下几种类型(图 5 - 19)。

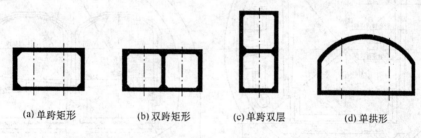

(a) 单跨矩形　　　(b) 双跨矩形　　　(c) 单跨双层　　　(d) 单拱形

图 5 - 19　区间隧道横断面类型(浅埋明挖施工)

图 5 - 19(a) 为矩形单层框架,跨度大、施工土方量小,结构净空高。图 5 - 19(b)、(c) 为单层及双层矩形,由于中间设柱或楼板,结构形式较单层复杂,使用方便,土方开挖量大。图 5 - 19(d) 为直墙拱顶式结构,受力好,跨度大,拱顶空间可利用敷设管线。上述几种形式均适用于浅埋明挖法施工的地铁隧道。

暗挖法施工的地铁隧道常采用圆形、拱形、马蹄形等(图 5 - 20、5 - 21)。

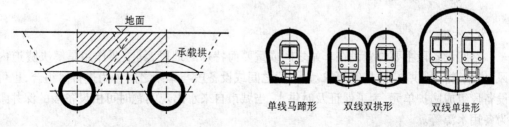

单线马蹄形　　　双线双拱形　　　双线单拱形

图 5 - 20　区间隧道圆形断面　　　图 5 - 21　区间隧道横断面形式

图 5 - 20 中的圆形断面适用于盾构法施工,施工速度快,机械化程度高。图 5 - 21 中的马蹄形及拱形断面适用于深埋暗挖法施工,此种断面由于埋深较大,所以施工时如采用人工暗挖则工期长,还会增加施工中的费用,如地面隔一段距离就要设置垂直升降竖井,土方及人员可从竖井中出入,这势必影响地面道路交通,间接经济损失更大。所以深埋圆形及拱形断面一般应采用机械化施工方法,且因埋深较大不影响地面交通。

图 5 - 22 为哈尔滨地铁规划中的单线轨道圆形区间隧道设计方案,建筑限界控制的内径为 φ5 m 及外径为 φ6 m 的断面,考虑了各种限界控制的轮廓线。图 5 - 23 为已建成的蹄形双线区间隧道的断面相关尺寸,在该设计中采用 50 kg/m 耐磨钢轨、DTIV 型扣件、短枕式整体道床及无缝线路形式。

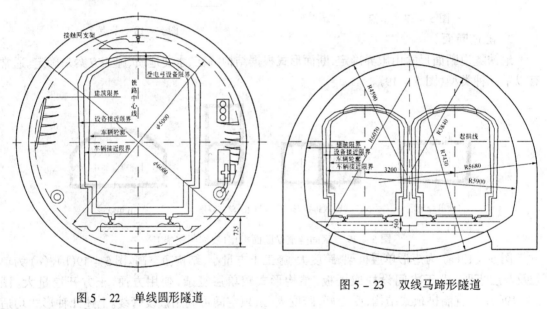

图 5 - 22   单线圆形隧道   图 5 - 23   双线马蹄形隧道

二、区间设备段

1. 作用

区间设备段主要位置设在车站之间或重要而特殊的地段,其主要作用是解决隧道内的通风、供水、排水、供电、防护等要求。设备段之间或设备段与车站之间可为进排风组合,也可利用设备段组成防护单元,为了保证及时供水,当城市自来水出现问题时可由设备段的深井泵房作为备用水源等。

2. 建筑布置

设备段设在隧道一侧,有平行与垂直两种方式,其间距约每隔 3 ~ 4 km 设一个设备段。设备段内主要满足以下几点要求：

（1）设置出入口及通风设施，也可单纯通风，通常与出入口合设，便于出入。出入口形式多为垂直设置，出入口可供检修人员平时及战时使用。

（2）设置必要的值班、休息用房（约 30～40 m²）、风机房及其需要的防护设备用房（洗消间等）。

（3）按要求设置防护密闭设施及隧道单元的防护用门库，以便在应急状态下使用。

图 5 - 24 ～ 5 - 28 是区间设备段实例。图 5 - 24 ～ 5 - 26 为平行隧道布置的设备段，内设出入口、防护门、风机房及消波系统。图 5 - 25 增设了洗消系统及深井泵房。图 5 - 26 增设了对开区段门库。图 5 - 27 为垂直隧道布置的设备段。图 5 - 28 为过渡区的多层设备布置。底层有封闭隧道使用的门库、排水泵库及电控室、风机房，二层有防灾害状态下的除尘、滤毒、风室等房间。

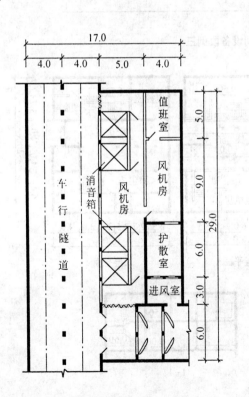

图 5 - 24　区间设备段例一

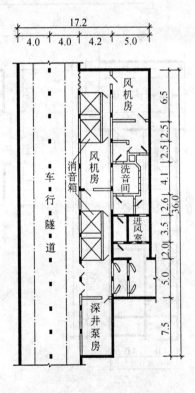

图 5 - 25　区间设备段例二

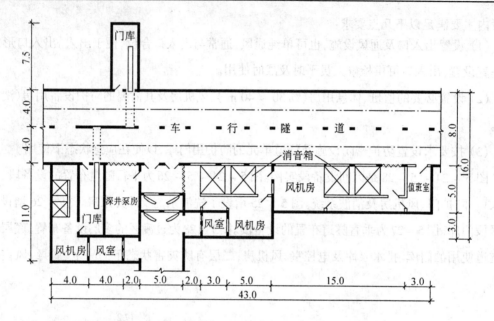

图 5 - 26　区间设备段例三

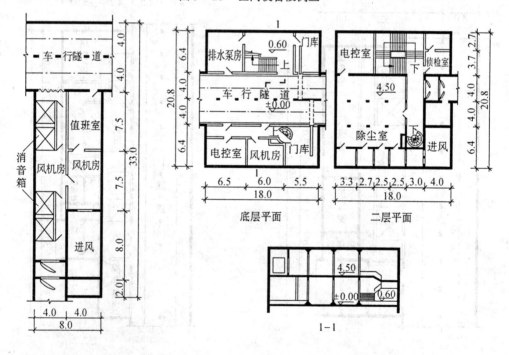

图 5 - 27　区间设备段垂直布置　　　　　图 5 - 28　多层过渡区间设备段

第四节　　地下铁道车站设计

　　地铁车站是地下铁道的交通枢纽,也是地下铁道设计中技术要求最复杂的部位。地铁车站在规划中应设置在地面或地下空间人流集中的地带。如火车站、广场、商业中心、体育场及大型会馆等地常设规模较大的地铁车站。地铁车站不仅功能复杂,而且技术要求难度也大,造价通常为同长度隧道的 3～10 倍。因此,地下铁道车站设计十分重要。

　　地铁车站总体设计包括车站的位置及类型,出入口与地面之间的关系,站台的类型及尺寸,出入口的立面形式,站厅在车站中的安排及类型等。总体设计中车站在线路中的位置,及在线路中如何配置终点站、区域站、换乘站、中间站,这将影响着乘客换乘的方便程度,它通常应由城市交通部门根据城市的各区、各点的客流量及多种因素来决定,需要对车站、站台、出入口、站厅设计的规律进行分析。

一、车站的位置及类型

1. 车站的位置

　　车站位置应结合城市地上地下的总体规划进行。如与道路及地下街的相互关系。为了最大限度地发挥车站的功能,应确定合适的站距。站距太远对乘客使用不便,太近影响运营速度。我国的车站设计通常采用市区站距离为 1 km,郊区站距离不宜大于 2 km。

　　车站应设在下述位置:

　　(1) 城市交通枢纽中心。如火车站、汽车站、码头、空港、立交中心等;

　　(2) 城市文化、娱乐中心。如体育馆、展览馆、影视娱乐中心等;

　　(3) 城市中心广场。如游乐休息广场、交通分流广场、文化广场、公园广场、商业广场等;

　　(4) 城市商业中心。如大的百货商场集中地、购物市场、批发市场等;

　　(5) 城市工业区、居住区中心。如住宅小区、厂区等;

　　(6) 同地面立交及地下街中心结合。出入口常设在地面街道交叉口、立交点、地下街中心或地下广场等地;

　　(7) 车站最好设置在隧道纵向变坡点的顶部,这样有利于机车车辆的起动与制动(图 5 - 11)。

2. 车站的类型

　　车站类型可根据不同地段条件的使用功能划分,有中间站、换乘站、终点站、区域站之分(图 5 - 29)。

　　(1) 中间站　　中间站是供乘客中途上下车使用的车站,其特点是规模较小、流通量不大,

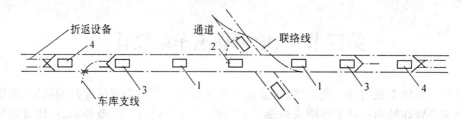

图 5 - 29　　地铁车站的类型

1— 中间站;2— 换乘站;3— 区域站;4— 终点站

是建造数量最多的车站。中间站决定整个线路的最大通过能力,某些中间站在中远期规划中有可能发展成区域站或换乘站,因此,设计规模应考虑扩展及功能转换的可能性。

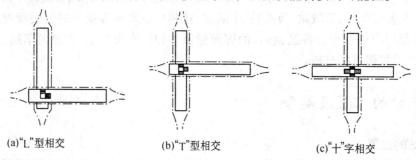

(a)"L"型相交　　　　　　(b)"T"型相交　　　　　　(c)"十"字相交

图 5 - 30　　垂直换乘站示意图

(2) 换乘站　　换乘站是位于地铁线路交叉点的车站。主要作用是改变乘客人流方向,并具有中间站的功能。换乘站可分为垂直换乘(图5 - 30)、平行换乘(图5 - 31)和地道换乘(图 5 - 32)三种类型。图3 - 30(a)为垂直换乘中的"L"型布置;图 5 - 30(b)为"T"型布置;图5 - 30(c)为"十"字型布置,交通方式可通过楼梯或自动扶梯换乘。其中"十"字型换乘使用方便,步行距离短。图5 - 31(a)是将四条线分设在两层两个岛式站台车站上,两层间以楼梯相连;图5 - 31(b)是四条线设在

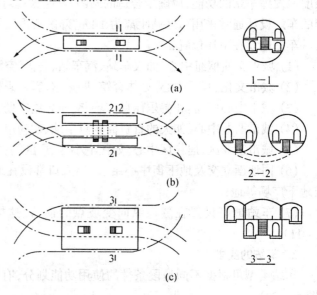

图 5 - 31　　平行线路换乘站示意图

同一层,通过天桥或步行道相连;图5-31(c)将上下层的线路在垂直面上错开,下层为岛式站台车站,上层为侧式站台车站,以天桥相连。图5-32为地道换乘站的透视图,该换乘站通过地下步行道来解决人流换乘。

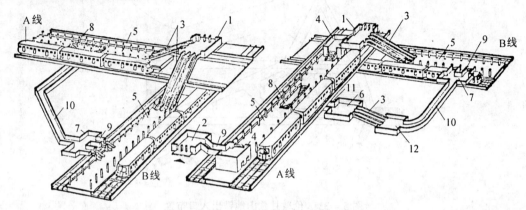

图5-32　地道换乘站透视

1— 联合地面站厅;2— 地面站厅;3— 自动扶梯;4— 前厅;5— 车站集散厅;6— 地下站厅;

7— 地道小过厅;8— 下降楼梯;9— 天桥;10— 换乘地道;11— 通行地道;12— 张拉室

(3) 区域站　区域站具有中间站的作用,通常设有折返设备,使高峰区段能增加行车密度。

(4) 终点站　终点站设有线路折返设备及设施,作为列车临时检修使用。而折返方式则决定列车折返速度的快慢。折返有环形式与尽端式两种。环形折返在需折返的车站位置尽端处设置一个环形回转线,但是此种折返对轨道磨损大,并要求有较宽敞的空间。尽端式折返通过道岔改变运行方向,不需要更宽敞的运行空间,该地段的开挖量小。两种形式应根据具体情况设计。

二、车站的总体布局

车站总体布局应和隧道线路的方向一致,以便乘客迅速上下车及进出车站。车站出入口是引导乘客上下的主要进出通路,要合理设置出入口并处理好与城市道路、人行道、绿地和立交街道的关系。

车站地面出入口应根据地面道路走向确定。地面道路主要有多交叉口、"十"字交叉口、立体交叉口、广场型交叉口等。

1. 出入口与广场型多交叉口的关系

地铁车站出入口设在广场型多交叉口时,应顺应道路方向多设出入口。图5-33为伦敦甘兹山地铁车站出入口的设置。在交通广场周围有5条道路,每条道路均设带有步行过街的出入口。6个出入口解决了地下步行过街问题,使5个街道通行畅顺,地铁车站设在广场的左侧地下,有自动扶梯由出入口进入地铁站厅。

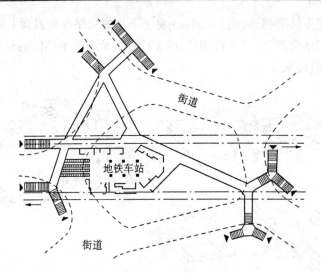

图 5 - 33 伦敦甘兹山地铁出入口布置

图 5 - 34 为上海某地铁车站出入口的设置。该地铁出入口位于漕溪北路立交桥处,有 5 条路口和 1 个立交桥,在人行道附近设 4 处出入口。

2. 出入口与地面立交桥的关系

地铁车站位于立交桥人行道处(图5 - 35)。

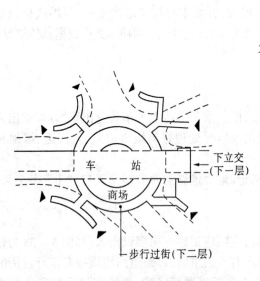

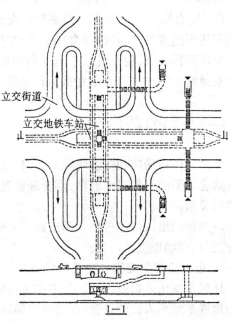

图 5 - 34 上海地铁车站出入口   图 5 - 35 立交地铁车站与立交街道关系示意

3. 出入口与"十"字交叉口的关系

地铁车站位于"十"字交叉口的情况相当普遍，"十"字交叉口有"正十字"和"斜十字"交叉路口，出入口通常布置在人行道一侧，以保证人员不横穿路段，直接由出入口进入地铁。图5－36为"十"字交叉出入口与道路之间的关系。图5－36(a)为"斜十字"交叉口，出入口布置

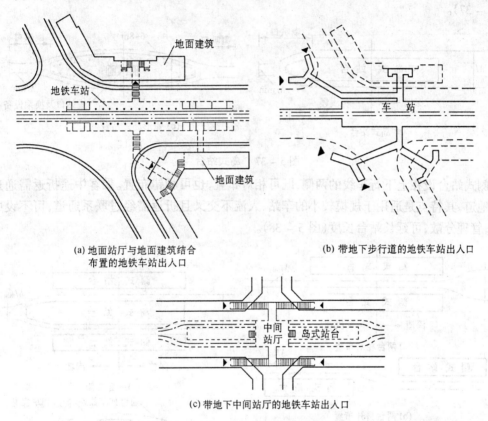

(a) 地面站厅与地面建筑结合
布置的地铁车站出入口

(b) 带地下步行道的地铁车站出入口

(c) 带地下中间站厅的地铁车站出入口

图5－36　"十"字交叉口地铁车站出入口

在路段建筑物内，此种设计的出入口称附建式出入口，其特点是不影响人员通行，节约地面面积，但建筑内部人流交叉多，不易被发现。图5－36(b)为带地下步行道的出入口。图5－36(c)为带地下中间站厅的出入口。图5－36(c)中的地下中间站厅可在"十"字交叉口左右各设一个。这样就形成4个出入口两个中间站厅的类型，此种设计适用于岛式站台。

三、站台类型及尺寸

1. 站台类型

车站中最主要的是站台，它的形式决定着车站的总体设计方案和出入口的布置。所以，站

台设计十分重要。

站台类型有岛式、侧式、混合式三种。

岛式站台设在上下行车线路之间,乘客中途折返同时使用一个站台,适用于规模较大的车站,如终点站、换乘站,其特点是折返方便,集中管理,需设中间站厅进入站台,站台长度固定(图5-37)。

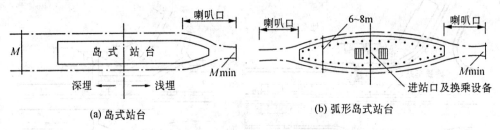

(a) 岛式站台　　　　　　　(b) 弧形岛式站台

图 5 - 37　岛式站台

侧式站台设在上下行车线的两侧,既可相对布置,也可相错布置。乘客中途折返需通过天桥或地道,其特点是适用于规模较小的车站,人流不交叉且折返需经过联系通道,可不设中间站厅,管理分散,可延长站台长度(图5-38)。

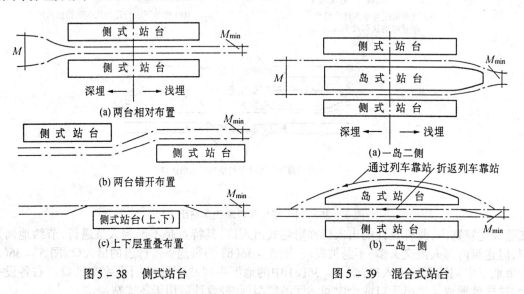

(a) 两台相对布置

(b) 两台错开布置

(c) 上下层重叠布置

图 5 - 38　侧式站台

(a) 一岛二侧

(b) 一岛一侧

图 5 - 39　混合式站台

混合式站台是将岛式站台与侧式站台相结合的形式,其特点是乘客可同时在两侧上下车,能缩短停靠时间,常适用于大型车站,折返方便。由图5-39可以看出,混合式站台可设一岛一侧或一岛二侧等。

2. 站台尺寸

(1) 站台长度

站台长度为远期列车编组长度加 1 ~ 2 m

$$L = s \times n + \Delta \tag{5-21}$$

式中　L——站台长度(m);

　　　s——电动客车每节长度(BJ - 2 型为 19.42 m);

　　　n——客车节数(节);

　　　Δ——连接器及停车误差总和(取 1 ~ 2 m)。

(2) 站台宽度

① 经验公式

侧式站台宽度

$$b = \frac{m \times w}{L} + 0.45 \tag{5-22}$$

式中　b——侧式站台宽度(m)

　　　m——超高峰小时每间隔列车单方向上下车人数(人);

　　　L——站台计算长度(m);

　　　w——站台上人流密度(m²/人),如上海取 0.4;

　　　0.45——安全带宽度(m),线宽 0.08 m,线距站台边缘 0.4 m。

岛式站台总宽度

$$B = 2b + n \times 柱宽 + (楼梯 + 自动扶梯) \times 宽 \tag{5-23}$$

式中　n——站台横断面的柱子数;

　　　B——总宽度,应按模数采用,且不小于 8 m。

② 按客流量计算

侧式站台宽度

$$b = \frac{A}{L_{计}} + 0.45 + \frac{1}{2} b_0 \tag{5-24}$$

$$m = P_h \cdot n(P_s + P_c) \times \frac{1}{100} \tag{5-25}$$

式中　A——站台面积(m²),$A = m \cdot w$;

　　　M——超高峰小时每间隔列车单方向上下车人数(人);

　　　P_h——每节车厢容纳人数(人);

　　　$(P_s + P_c)$——上、下车乘客占全列乘客数的百分比,根据预测客流或调查资料取

　　　　　　　　20% ~ 50%;

　　　n——列车的车厢数(节);

　　　w——站台人流密度(正常情况为 0.75 m²/人);

$L_{计}$ —— 站台计算长度(m);

b_0 —— 乘客沿站台纵向流动宽度,取 $2 \sim 3$ m。

岛式站台总宽度要求不小于表 5.11 中的数值。

表 5.11　站台最小宽度

站台型式	结构		站台最小宽度 /m
岛式站台			8.0
侧式站台	无柱		3.5
	有柱	柱内	3.0
		柱外	2.0
混合式站台	岛式		8.0
	侧式		3.5
多跨岛式站台车站的侧站台			2.0

a. 单拱岛式站台总宽度

$$B = 2b + b_0 \tag{5 - 26}$$

b. 三跨岛式站台总宽度

$$B = 2b + b_0 + 2 \times 柱宽 + (楼梯 + 自动扶梯) \times 宽 \tag{5 - 27}$$

不论采用哪种计算方法,其结果选用值都不得小于式(5 - 27)所计算的站台最小宽度值。表 5.12、5.13、5.14 分别列出了日本地铁站台宽度及我国北京、上海地铁站台尺寸。

表 5.12　日本站台宽度　　　　　　　　　　　m

车 站 位 置	岛式	侧式无立柱	侧式有立柱
位于以住宅区为主地区内的小站	8	4	5
位于以住宅商业为主地区内的中等站	8 ~ 10	4 ~ 5	5 ~ 6
位于以商业办公为主地区内的大站	10 ~ 12	5 ~ 6	6 ~ 6.5
位于以商业办公为主地区内的换乘站或与铁路的联运站	12 以上	6 以上	6.5 以上

从表 5.12 中可看出,无论哪种站台类型在以住宅为主的地区其宽度为最低值,而以换乘、中转性质的站台宽度为最高值,其他情况的宽度位于两者之间。岛式站台宽度基本是 8 m、10 m、12 m,侧式站台的宽度净宽应保证 4 m、5 m、6 m,如有柱则加上柱宽。

表 5.13　北京一期车站尺寸　　　m

岛式车站 项目	规　模		
	大	中	小
站台总宽	12.5	11	9
站台中跨集散厅宽	6	5	4
站台面至顶板底高	4.95	4.55	4.35
侧站台宽	2.45	2.10	1.75
站台纵向柱中心距	5	4.5	4
站台长度	118	118	118
地下站厅高	2.95	2.95	2.95
地下通道宽	4	4	4
地下通道高	2.55	2.55	2.55

表 5.14　上海一号线车站尺寸　　　m

岛式车站 项目	规　模		
	大	中	小
站台总宽	14	12	10
侧站台宽	3.5 ~ 4.0	2.5 ~ 3.0	2.5
站台长度	186	186	186
站台面至楼板底高	4.1	4.1	4.1
站台面至吊顶面高	3	3	3
吊顶设备层高	1.1	1.1	1.1
纵向柱中心距	8 ~ 8.5	8 ~ 8.5	8

3. 车站各建筑部位的高度、宽度及通行能力

地铁车站各建筑部位的最小高度、宽度，以及最大通过能力规范中有明确的规定，详见表 5.15、5.16、5.17 所示。

表 5.15　车站各建筑部位的最小净高

名　称	站厅与站台厅	地下站厅一般用房	地面站厅一般用房	站台下面一般用房	通道或天桥	楼梯段	出入口
最小净高 /m	3.0	2.4	2.5	2.3	2.4	2.4	2.5

表 5.16　车站人行交通各部位最小净宽

名称	通道或天桥	出入口	楼　梯
最小净宽 /m	2.5	2.5	2.0

表 5.17　车站各部位最大通行能力

名　称	1 m 宽通道		1 m 宽楼梯			1 m 宽自动扶梯	1 m 宽自动人行道	人工检票口(月票)	入口检票口(车票)	自　动检票机	半自动售票机	自　动售票机
	单向通行	双向通行	单向下楼	单向上楼	双向混行							
每小时通过人数 /人	5 000	4 000	4 200	3 700	3 200	8 100	9 600	3 600	2 600	1 800	900	600

四、站厅及出入口立面形式

1. 站厅

站厅是乘客进入站台前首先经过的地下中间层，是分配人流、休息、候车、售票、检票的场

所,该场所称为地下中间站厅。岛式车站必须设置地下中间站厅,侧式站台以中间站厅兼作天桥,站厅高度为 2.4 ~ 3.0 m。

站厅剖面位置应设在站台的顶部,通过楼梯(或电梯)与站台联系。站厅内一般设有检票、售票、商服、休息、管理、候车、大厅设备等房间。从建筑布局上有以下几种形式。

(1)桥式站厅 桥式站厅即在地铁站台的顶层设一个类似桥一样的厅,这种厅联系着站台和地面出入口,通常在站台中间或两端各设一个(图 5 – 40、5 – 41)。

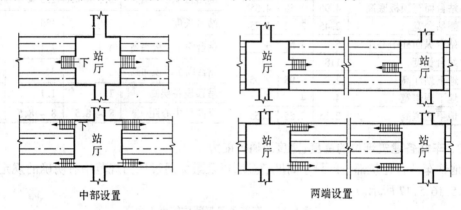

图 5 – 40 岛式和侧式站台站厅

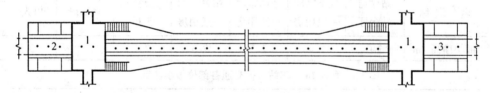

图 5 – 41 桥式站厅实例

1— 中间站厅;2— 电气用房;3— 办公及休息室;

(2)楼廊式站厅 楼廊式站厅即在站台上周布置夹层而形成一层站台上空形式,并在楼廊采用 2 ~ 3 个廊桥连接,通过廊桥下楼梯进入站台(图 5 – 42)。

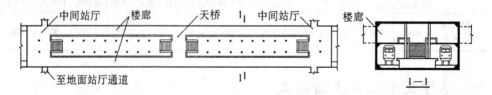

图 5 – 42 楼廊式地下中间站厅

(3)楼层式站厅 此种站厅将站台设计成二层,地下顶层为站厅、地下底层为站台。站厅很大,可设置管理及设备用房,人流可根据进出流线管理,并同其他地下设施(地下街等)相连接(图 5 - 43),站厅设在地下一层,采用自动售票和自动检票方式,宽敞的站厅实际上成为多功能的地下人行过街通道,它多处设有出入口,连通地面街道、大楼底层、地下商业街,交通四通八达。

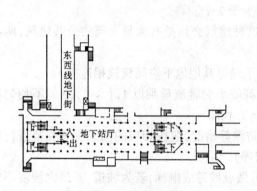

图 5 - 43　楼层式站厅

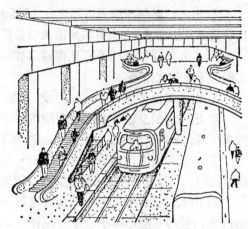

图 5 - 44　夹层式站厅

(4) 夹层式站厅　此种站厅是在站台大厅中设置局部夹层,通过夹层连接地面及站台。此种做法站厅面积受到一定限制,但有一种共享空间的特色,较有艺术感(图 5 - 44)。

(5) 独立式站厅　此种站厅不设在地铁的顶层,而是独立设置,通过楼梯和步行道连接站台和地面。其特点是布置灵活,不受地下层站台结构影响,上下层为两个独立式结构,甚至根本不在一条轴线上(图 5 - 45)。

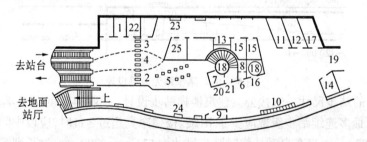

图 5 - 45　香港地铁车站地面站厅

1— 站务、票务办公室;2— 进站检票口;3— 出站检票口;4— 可逆性检票口;

5— 售票机;6— 换钱处;7— 会计室及票库;8— 站长室;9— 小卖部;

10— 电话间;11— 公用男厕;12— 公用女厕;13— 清洁用具室;14— 职工休息室;

15— 职工盥洗室;16— 灭火器;17— 风机房;18— 风道;19— 地下人行道;

20— 急救室;21— 问询处;22— 自动跟踪控制室;23— 发光布告牌;

24— 坐凳;25— 配电间

2. 出入口及通道

(1) 地下铁道出入口设计必须考虑人流的进出方便程度、高峰时人流量(表 5.18 为北京、上海、香港、巴黎的通道、楼梯每小时通过人次)、服务半径等多种因素,一般有如下设计原则。

① 出入口必须与地面道路走向、主要客流方向相吻合,如可布置在交叉口四个角的地段,且数量不宜少于 4 个,小型车站出入口数量不宜少于 2 个。

② 出入口要尽量同原有地面建筑相结合,这种建筑必须是有大量人流的公共建筑,两者之间应采取防火措施。

③ 出入口要考虑与步行过街、地下街、交通干线等其他地下空间建筑相连接。

④ 出入口的总设计客流量应按该站远期超高峰小时客流量乘以 1.1 ~ 1.25 的不均匀系数来计算,最小宽度不应小于 2.5 m,净高不小于 2.4 m。

⑤ 出入口要考虑防灾要求。如防护、防火、防洪等情况,应按相应的国家有关规范进行设计(如防护,可考虑武器的破坏因素,设置防护门等)。

⑥ 出入口设计中如考虑残疾人通行,楼梯可做成坡道或电梯,若为坡道,其最大坡度不宜超过 8%,最小宽度不得小于 1.6 m(图 5 - 46)。

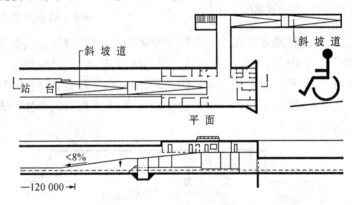

图 5 - 46　某车站无障碍设计

⑦ 出入口的踏步尺寸一般按公共建筑楼梯踏步设计,一般为高度 135 ~ 150 mm,宽度为 300 ~ 340 mm,最多连续踏步级数应少于 18 级。楼梯净宽超过 3 m 时,应设中间扶手。如北京地铁为 150 mm × 300 mm,当有自动扶梯时踏步尺寸为 172 mm × 300 mm,过长则需设休息平台,其扶梯宽度为 1.2 ~ 1.8 m。

⑧ 出入口设置上下自动扶梯应依经济条件和提升高度来确定。在有条件的前提下应力争设置,以方便乘客。我国规定,当提升高度大于 8 m 时,设置上行自动扶梯,当提升高度超过 12 m 时,上下行均应设自动扶梯。

⑨ 站厅与站台面的高差在 5 m 以内时,宜设上行自动扶梯;高差超过 5 m 时,上下行均应设自动扶梯;如分期建设的自动扶梯应预留位置。在出入口的入口处应设有特征的地铁标志,

并注意各个城市地铁的入口标志均不同,明显的统一标志可引导乘客。

⑩ 地铁地下通道水平段长度不宜超过 100 m,如超过 100 m 应设自动步道。出入口楼梯实测通过能力见表 5.18。

表 5.18　出入口楼梯、通道的通过能力实例　　人／小时

宽度 人数 地区		北京	上海	香港	巴黎
1 m 宽通道	单向通行	5 000	5 280	5 400	6 000
	双向混行	4 000	4 200	4 020	–
1 m 宽楼梯	单向下行	4 200	4 200	4 200	4 500
	单向上行	3 800	3 780	3 720	3 600
	双向混行	3 200	3 180	4 000	–
1 m 宽自动扶梯		8 100	8 100	9 000	7 200

(2) 通道和楼梯宽度可按下述方法确定

① 通道宽度计算(图 5 – 47)

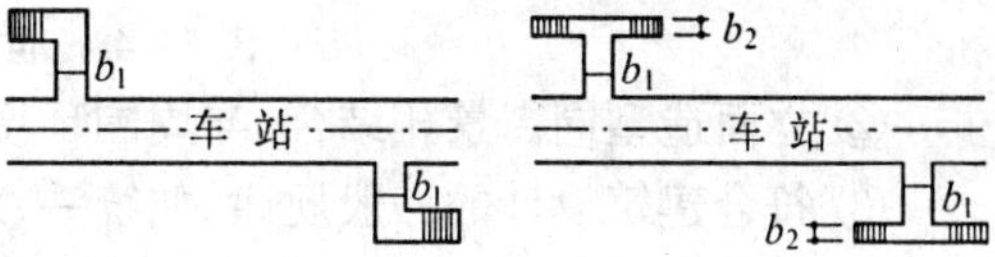

图 5 – 47　通道宽度计算示意图

单支　　　$b_1 = \dfrac{Q \times a}{C_1 \times 2}$　　　(5 – 28)

双支(二侧)　　$b_2 = \dfrac{Q \times a}{C_1 \times 4}$　　(5 – 29)

式中　　C_1——通道双向混行通过能力(人／小时),见表 5.17;

　　　　a——不均匀系数,一般取 $a = 1 \sim 1.25$;

　　　　b——通道宽度(m);

　　　　Q——超高峰客流量(人／分钟)。

② 楼梯宽度计算

$$B = \frac{Q \times T}{C}(1 + a_b) \qquad (5 - 30)$$

式中　　T——列车运行间隔时间(分钟);

　　　　Q——超高峰通过客流量(人／分钟);

　　　　C——楼梯通过能力(人／分钟);

　　　　a_b——加宽系数,一般采用 0.15。

3. 出入口的立面形式

地铁出入口的立面形式应同地面的街道视线、建筑、绿化、环境相统一,应成为城市建筑小品,并有明显的引导性。由于地铁出入口大多设在较繁华的市中心且人流集中地带,因此,立面应按照建筑立面的一般原则进行设计。

(1) 立面设计一般原则

① 立面入口应醒目、突出,具有吸引分散人流的特征,且有地铁运行的特点。如动态感地铁立面标志,见图 5 - 48。

北京	天津	香港	莫斯科	新西伯利亚	东京	大阪	名古屋	札幌
横滨	华盛顿	巴尔的摩	旧金山	里约热内卢	汉城	蒙特利尔	斯德哥尔摩	米兰
上海	里昂	巴黎地铁快车线	里尔	马赛	伦敦	柏林	华沙	墨西哥

图 5 - 48　世界城市地铁标志举例

② 立面造型同街景相结合,与周围环境有机组成整体,活泼、生动。

③ 符合建筑设计的一般规律,如统一、对位、尺度、变化、协调等。

④ 充分利用原有环境特色,如建筑、立交、通风口等。

⑤ 若条件具备,应尽可能设计成附建式、下沉广场式、平卧开敞式等出入口形式。

(2) 地铁出入口的立面形式

① 单建棚架式出入口　单建棚架式出入口即采用带有防雨罩及围护或半围护的出入口。可做成矩形及其他几何图形来解决(图 5 - 49)。

(a) 曲线棚形出入口I　　　　　　　　　(b) 平棚式开敞出入口

图 5 - 49　单建式出入口

② 附建式出入口　附建式出入口是通过地面建筑的局部设置的出入口(图 5 - 50)。

③ 开敞式出入口　开敞式出入口(图 5 - 51)可不设围护及棚架,直接在露天条件下敞口设置,并做出必要的挡雨造型设施,如围栏等,也可设在下沉式广场内(图 5 - 52)。

④ 立交式出入口　立交式出入口是将出入口同地面的立交桥或其他立交设施相结合,其

图 5-50　附建式出入口

特点是空间层次丰富,现代化都市感强,有地铁交通特色。

图 5-51　开敞式出入口

图 5-52　下沉式广场出入口

第五节　地下铁道车站建筑设计

地铁车站建筑设计主要研究地铁车站的建筑功能及其相适应的建筑布局和结构形式。前面分析了地铁车站在规划上的位置、形式及与道路的基本关系,而施工方案及埋深状况对地铁车站的结构形式也存在很大的影响。

车站的平面建筑形式主要有侧式站台车站、岛式站台车站、混合式站台车站。从空间关系上有单层、双层的侧式或岛式车站。从功能上主要有乘客使用、运营管理、设备技术、生活辅助用房四个部分组成,四个部分之间按照一定的使用功能排列,必须满足各自的功能及相互的联系。

一、地铁车站的功能分析及组成

地铁车站的组成主要有以下几个部分。

1. 乘客使用部分

有出入口、地面站厅、地下中间站厅、楼梯、电梯、坡道、步行道、售票、检票、站台、厕所等。

2. 运营管理部分

有行车主副值班室、站长室、办公室、会议室、广播室、信号用房、通讯室、工务工区、休息值班室等。

3. 技术用房部分

有电器用房、通风用房、给排水用房、电梯机房等。

4. 生活辅助部分

有客运服务人员休息室、清洁工具室、贮藏室等。

以上四个部分之间应有一定的联系和区别,图5-53为地铁车站的功能分析图。

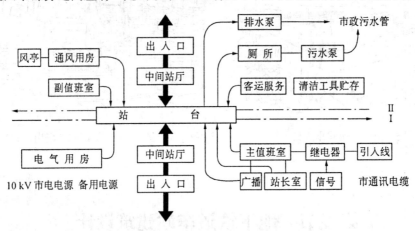

图5-53 地铁车站功能分析图

图5-54为典型地铁车站建筑平面与透视图。该地铁底层为站台,在两端为二层,设桥式地下中间站厅。站厅内设有电讯、通风及变电机房。底层污水用房及变电用房各设一端,并设行车主副值班室。把上例进行简图分析的布局如图5-55所示。

根据图5-54、5-55的功能关系可进行地铁建筑平面的设计。

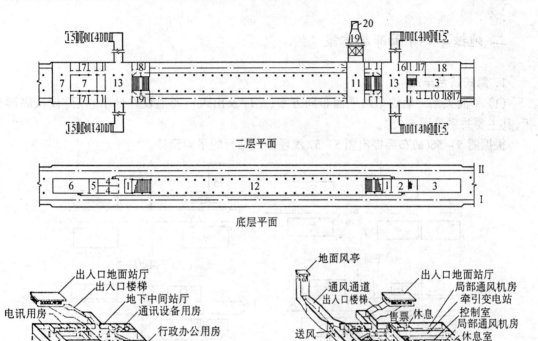

二层平面

底层平面

图 5-54　地铁车站建筑平面与透视

1—行车值班室；2—降压变电站；3—牵引变电站；4—男女厕所；5—污水泵房；6—排水泵房；
7—电讯用房；8—通讯设备用房；9—行政办公用房；10—控制室；11—通风用房；12—集散厅；
13—地下中间站厅；14—出入口楼梯；15—出入口地面站厅；16—售票处；17—工作人员休息室；
18—局部通风用房；19—通风通道；20—地面风亭

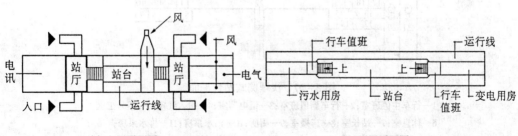

(a) 上层平面图　　　　　　　(b) 下层平面图

图 5-55　地铁车站简析图

二、地铁车站平面布局方案

1. 侧式站台车站

(1) 平面关系　地铁车站平面布局方案(站厅及出入口通道设在地下顶层)仅从底层分析,其主要关系见图 5 – 53。

根据图 5 – 56(a)布局提出图 5 – 57 浅埋侧式站台的平面设计。

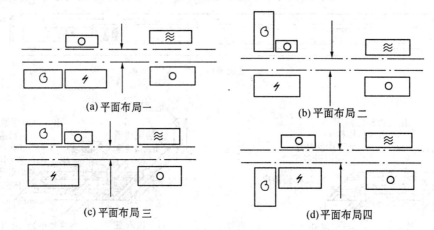

(a) 平面布局一　　　　　　　　　(b) 平面布局二

(c) 平面布局三　　　　　　　　　(d) 平面布局四

图 5 – 56　浅埋侧式站台的平面功能布局

⊙ 风;≈　水;⚡○ 电;○　管理;→ 人流

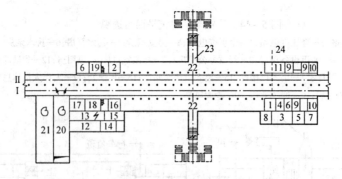

图 5 – 57　浅埋侧式站台平面

1—行车主值班室;2—行车副值班室;3—继电器室;4—引入线室;5—信号工区;
6—休息室;7—站长室;8—广播室;9—厕所;10—污水泵房;11—排水泵房;
12—高压变电;13—降压变电;14—主控制室;15—电气值班室;16—引导开闭所;
17—蓄电池室;18—风机控制室;19—贮藏室;20—平时风机房;21—战时风机房;
22—站台;23—车站中心线;24—变坡点

由图 5-57 可以看出,侧式站台的许多设备用房均可在同一层解决,地下中间站厅可采用独立式或桥式解决。

(2) 实例方案 图 5-58 为二跨单层双拱直墙侧式车站方案。单拱净跨 8 m,车站总长 129 m,设 2 个门库及风亭,车站左部为电气用房,右部为污水用房。站台净宽 4.817 m,上下行车线设在中间墙的两侧。

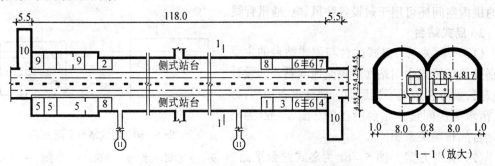

图 5-58 双拱直墙侧式站台车站方案

1—行车主值班室;2—行车副值班室;3—信号设备室;4—广播室;5—电气用房;
6—厕所;7—污水泵房;8—客运休息室;9—牵引变电室;10—门库;11—风亭

该方案站台的左侧和右侧分别设一个行车主、副值班室,管理用房均设在站台右侧的上下行车线一侧,在站台内设出入口及两个通风口。车站的左右两端各设门库一个,在应急的状况下,如果关闭库门可使车站与隧道进行分隔,以保证其防护或防水单元的分区封闭。

图 5-59 为三跨单层三拱立柱式侧式站台方案。中间拱净跨 8.4 m,两边拱净跨 3.5 m,站台总长 105.5 m,车站左部为电气用房,右部为污水及牵引变电,设独立式中间站厅及一条连接两个出入口通道的天桥。

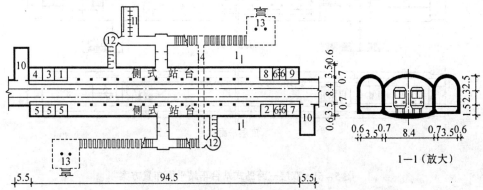

图 5-59 三拱立柱直墙侧式站台车站方案

1—行车主值班室;2—行车副值班室;3—信号设备室;4—广播室;5—电气用房;6—厕所;7—污水泵房;
8—客运休息室;9—牵引变电室;10—门库;11—战备厕所;12—风亭;13—中间站厅;14—天桥

图 5-59 方案站厅的特点是独立建造在土层中,与车站标高不同,通过楼梯连接出入口及站台。站台设三跨,中跨为行车跨,边跨为站台跨。设垂直风井,并把有用水的房间设在风井一侧。断面为三跨连续拱,这由剖面 1—1 可以看出,拱顶高 2.5 m,两侧为直墙,中间为立柱,中间跨底板为 1.5 m 高反拱,两侧地面为平板。

此种三拱立柱式车站可设在较深的土层中,采用暗挖法施工,适合拱形结构,此种结构形式的拱内空间还可用于敷设各种风、电、通讯管线。

2. 岛式站台

(1) **平面关系**　岛式站台与侧式站台的主要差别是须用桥式中间站厅解决交通问题。如设计成双层,就可利用地下顶层做一部分设备用房,办公、污水等房间设在站台所在层。图 5-60 为岛式站台的布局关系图。

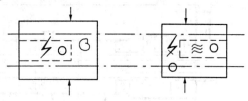

图 5-60　岛式站台平面关系

(2) **实例方案**　图 5-61 为岛式站台平面布置方案。该方案乘客由步行道进入设在车站站台两端的地下中间站厅,左右站厅分别设有电气及电讯用房,底层左侧为电气和行车主值班室,右侧为污水、排水用房及行车副值班室。车站为三跨结构。图 5-62 为双层岛式站台的实例方案,该方案为上下二层,顶层基本是为服务乘客的用房及通风用房,底层为电气用房。

⚡ 电气;≈ 水; ⚡ 电讯;○ 办公;→ 人流

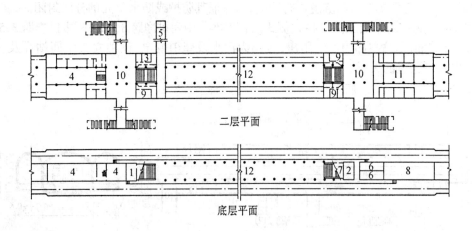

二层平面

底层平面

图 5-61　双层三跨岛式站台车站平面布置方案

1—行车主值班室;2—行车副值班室;3—继电器室;4—电气用房;5—通风用房;

6—厕所;7—污水泵房;8—排水泵房;9—办公及控制室;10—中间站厅;

11—电讯用房(电话总机、广播等);12—站台

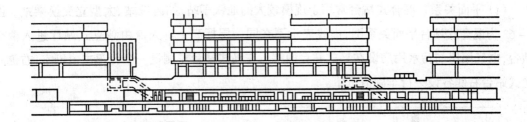

剖面图

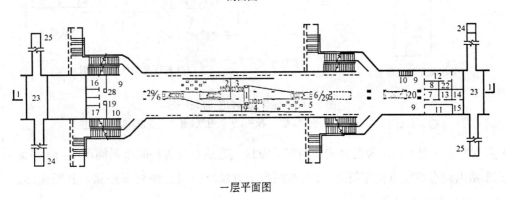

一层平面图

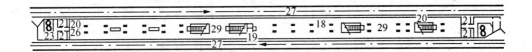

二层平面图

图 5 - 62　双层广厅岛式站台车站布置方案

1—站务票务办公室；2—进站检票口；3—出站检票口；4—可逆性检票口；5—售票机；6—换钱机；

7—会计及票库；8—站长室；9—小卖部；10—公用电话；11—公共男厕；12—公共女厕；

13—清洁用具；14—职工室；15—职工盥洗室；16—自动跟踪控制室；17—配电室；

18—坐凳；19—灭火器；20—备用梯；21—继电器室；22—厕所及通风机室；23—风机室；

24—进风道；25—排风道；26—发光布告牌；27—线路图；28—急救站；29—问询处

3. 混合式站台

（1）平面关系　混合式站台常用于规模较大的地铁车站,如区域站、大型立交换乘站。图5-63为混合式站台平面关系图,虚线表示不在同一层标高上。人流由独立式站厅进入两个站台,电气用房与污水用房设在岛式站台两端。在岛式站台左侧设一个行车主值班室,右侧和侧式站台右侧各设一行车副值班室。

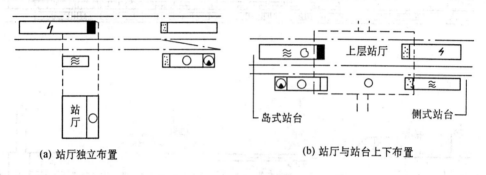

　　　　（a）站厅独立布置　　　　　　　　　　（b）站厅与站台上下布置

图5-63　混合式站台平面关系图

○　办公;≈　污水;↻　风机;◉　深井;⚡　电气;■　主值班;▣　副值班;

（2）实例方案　图5-64为混合式站台车站设计。建筑及设备房间布局同图5-63平面关系。在此车站内设有渡线可使车折返,在岛式站台上方设反曲线可使列车停靠。其断面形式为五跨箱型结构,中间有四排柱子。

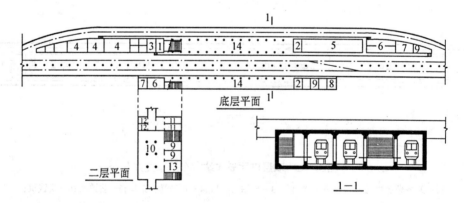

图5-64　混合式站台车站平面布置方案

1—行车主值班室;2—行车副值班室;3—继电器室;4—电气用房;
5—通风用房;6—厕所;7—污水泵房;8—排水泵房;9—办公用房;
10—中间站厅;11—广播室;12—保安室;13—贵宾室;14—站台

三、地铁车站的结构类型

前面介绍了地铁车站的建筑功能,平面及设计方案,无论是岛式还是侧式站台都必须有相应的结构形式。地铁车站结构形式主要有以下几种。

1. 拱式结构

拱式结构有直墙拱、单拱、双拱、落地拱等多种类型(图 5 – 65),其主要特点是受力合理,适合深埋,拱顶上部空间可充分利用。图 5 – 65(b)、(c)、(d)、(j)、(k)、(l)下部反拱可用于管线通道;(a)、(b)、(d)、(j)、(m)为直墙拱,(c)、(g)、(h)、(i)、(k)、(l)为圆拱,(e)、(f)为落地拱,其中(g)、(l)带有多拱组合;(a)、(e)、(g)、(h)、(i)、(k)、(l)、(m)为岛式站台,(b)、(c)、(d)、(f)、(j)为侧式站台。

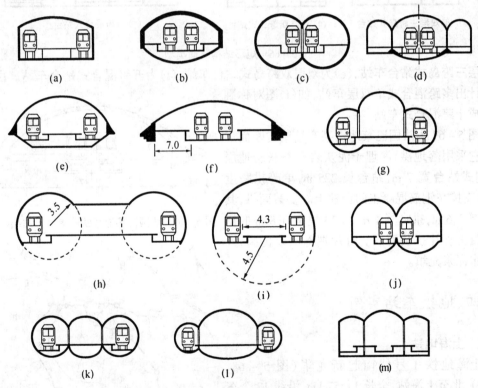

图 5 – 65　拱式结构断面类型

拱形结构大多为钢筋混凝土结构。某些拱,如直墙拱也可做成混合结构,可将直墙部分采用砖墙,底板为普通混凝土地面,基础做成混凝土或刚性基础。拱跨度小可直接砌砖拱,适用一些小型的地下通道等,跨度大必须做成钢筋混凝土拱。

2. 矩形结构

矩形结构有单层矩形、双层矩形、多矩形等类型。双层矩形顶层可作为地下中间站厅使用。矩形结构多用于浅埋施工,适用于岛式及侧式站台。

图 5-66(a)为三跨岛式站台车站,(b)为四跨侧式站台车站,(c)为两跨侧式站台车站,(d)

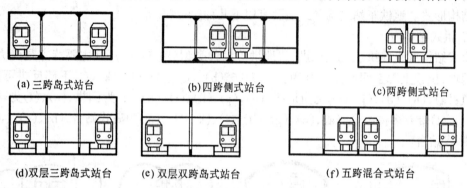

(a) 三跨岛式站台　　　　(b) 四跨侧式站台　　　　(c) 两跨侧式站台

(d) 双层三跨岛式站台　　(e) 双层双跨岛式站台　　(f) 五跨混合式站台

图 5-66　矩形结构断面类型

为双层三跨岛式站台车站,(e)为双层双跨岛式站台车站,(f)为五跨混合式站台车站。由图中可设计出多跨混合式单双层车站,如(f)图对称翻转则成十跨混合式车站。

图 5-67 为法国巴黎地铁某车站结构断面形式。它采用落地拱,深埋于泥灰岩及石灰岩地层中,侧式站台宽 7 m,站台长 225 m,单跨拱跨度 21 m,支撑在钢筋混凝土的台柱上。变截面拱,其拱顶厚 0.6 m,拱脚厚 1 m,由 13 块宽 0.8 m 的钢筋混凝土管片拼装而成。管片端部涂以树脂,外侧用水泥浆充填。

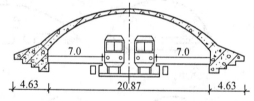

图 5-67　法国巴黎地某铁的单拱车站结构断面

四、地铁车站实例

1. 上海地铁

上海地铁 1 号线南起新龙华(图 5-68、5-69),北至上海站,全长 14.57 km,沿线 12 个车站,平均站距 1.21 km,总投资 25.4 亿元人民币。结构形式为双层箱形柱网框架结构,采用地下连续墙法施工;区间隧道为双管单线圆形隧道,采用盾构法施工。该地铁车站为浅埋式,上下二层,上

图 5-68　上海已建地铁规划图

层为站厅层,下层为站台层。在站厅层内设有公共通道及售票、检票、管理等用房。

通风系统用房、进排风口、通风系统均设在车站的两尽端,乘客检票后可通过自动扶梯下至地下底层进入站台,站台为岛式设计。站台左侧为电器用房,站台右侧为空调和电气用房,水泵、冷却水等用房在站台中右部突出主体外设置。该地铁机车运行自动化程度很高,从售、检票到信号控制均为自动方式。

图 5-69 为上海某地铁车站结合交通枢纽位置和立交桥的条件,将路口地下步行过街道,地下空间开发区与地铁车站连通,形成一个地下三层的车站,实现了地上、地下空间的综合开发,使用十分方便。

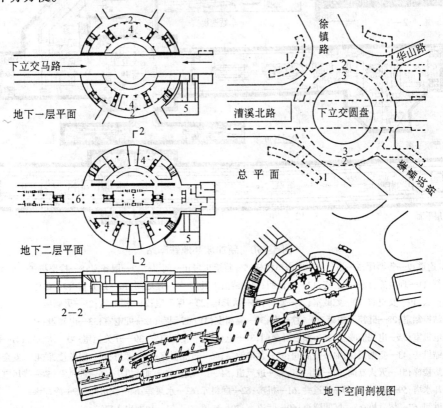

图 5-69 上海某地铁站

1—地面出入口;2—地下过街道;3—开发空间;4—地下商场;5—辅助房间;6—站台

2.新加坡某地铁车站

新加坡地铁的结构断面为直墙拱形结构,见图5-70中的剖面所示,剖面空间内利用拱内空间形成中间站厅,在站厅的两直墙一侧设有管线廊道,整个车站规模较大,达到了使用功能要求。

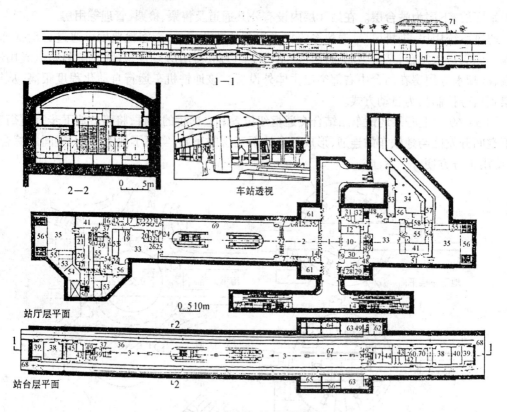

图 5-70　新加坡某地铁车站

1—公共通道；2—售票厅；3—站台；4—出入口楼梯；5—售票机房；6—问讯处；7—服务室；8—检票机；9—小卖部；
10—银行；11—现金库；12—办公室；13—电话间；14—清洁工具间；15—垃圾间；16—票务室；17—工作人员室；
18—男更衣；19—女更衣；20—贮藏室；21—厨房；22—维修间；23—保卫室；24—医务室；25—男厕所；26—女厕所；
27—车站控制室；28—硅控开关柜；29—总仓库；30—隔离室；31—控制室；32—配电室；33—电器设备室；
34—发电机室；35—电视监视室；36—站台屏蔽门；37—电梯；38—变配电室；39—开关柜室；40—休息室；41—电控室；
42—压缩机房；43—空调机房；44—备品间；45—蓄电池室；46—过滤器室；47—库房；48—服务楼梯；49—安全楼梯；
50—消防楼梯；51—灭火器间；52—阀门室；53—进风道；54—排风道；55—通风机房；56—进风室；57—排风室；
58—冷却水塔；59—通风井；60—管道井；61—机房；62—燃料库；63—水泵库；64—饮水间；65—冷却水；
66—喷淋间；67—休息座椅；68—区间隧道；69—管道廊；70—预留空间；71—地面出入口

3. 拟建的哈尔滨市地铁车站建筑方案设计

规划拟建的哈尔滨市地铁设计是根据近远期(2030 年)客运量预测规划的线路，运行速度 35 km/h，运行能力约 2.1 万人/h。地铁车站的类型有侧式、岛式、混合式三种；换乘站有"T"型岛侧换乘(2 号线)、"L"型岛侧通道换乘(3 号线)、"十"型岛侧换乘及岛岛换乘(4 号线)、双岛式平行换乘等多种类型(5 号线)。

站台按 4 节列车编组设计有效长度为 80 m，标准车站岛式站台 10 m 宽，侧式站台 5 m 宽，标准岛式车站规模为 120 m×16.4 m,标准侧式车站规模为 106 m×16.9 m。见图 5-71~5-75所示。

图5-71　侧式站台效果方案

图5-72　换乘站效果图

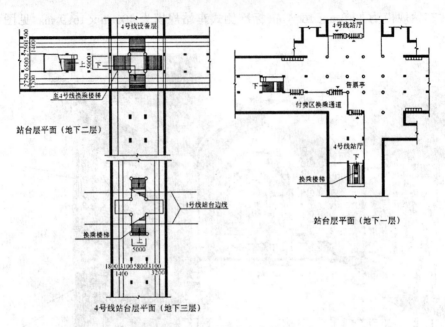

图 5 - 73　"十"字岛岛换乘

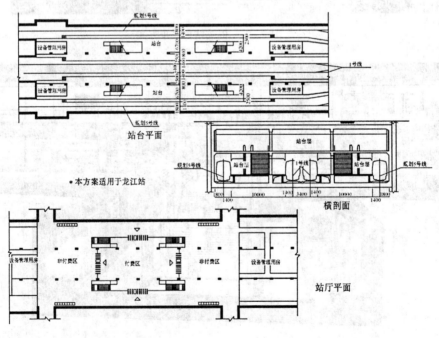

图 5 - 74　同站台双岛式平行换乘

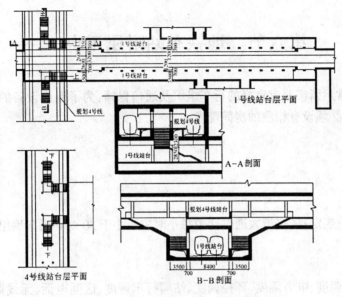

图 5-75　"T"形岛侧换乘

4. 北京地铁西单车站

北京地铁西单车站全长 260 m,共设 5 个出入口,2 个通风道及 2 个临时通风竖井。车站采用岛式站台,主体结构为三拱两柱双层结构。上层为站厅层,下层为站台层。站台宽 16 m,车站宽度为边跨高 12.77 m,中跨高 13.45 m(详见图 5-76)。

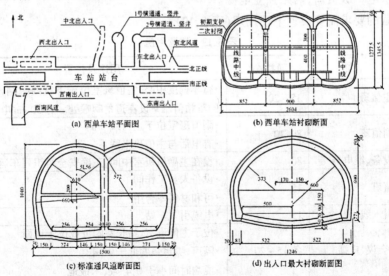

图 5-76　北京西单车站

第六节　地铁车站附属用房

地铁车站的正常运营需要有良好的行车组织及通信保障,为了保证设备的正常运转及机车的正常运营,车站必须设有相应的房间配置。

一、运营

1. 行车组织

我国规范有如下规定:线路最大通过能力每小时应不小于 30 对。列车编组车辆数一般为 6～8 辆。

2. 通信

专用通信:列车调度、电力调度、环控调度、站间行车调度、区间电话、无线调度、有线广播等。

公务通信:包括有自动电话、会议电话。

列车调度、电力调度、环控调度系统的电话总机应配置在同一机房内。

3. 信号

信号按供电一级负荷,两路独立电源。

根据运营的要求需要设置下述用房(表 5.19)。

表 5.19　运营用房

名　　称	面积/m²	用途及位置
行车主值班	15～20	·行车调度中心,主值班室位于下行线一侧,有道岔的车站值班室设在道岔咽喉处。有 30 cm 电缆槽
行车副值班	8～10	·副值班室位于上行线一侧 ·有电话与主值班室联系
信号设备、继电器	30	·设在主副值班室中间,正确安全组织列车运营
信号值班	15	·设备人员工作间 ·可和材料库合用
通讯引入线	15	·电缆引入车站
办公、会议、广播	各 15～20	·位于主值班室、站长室附近或位于地面 ·隔声、噪声强度低于 40 dB ·混响时间小于 0.4 sec,木板地
工务工区	10～15	·5～6 km 一个 ·存放线路检修工具和材料

4．其他管理用房

其他管理用房的房间数及面积参考值见表 5.20 所示。

表 5.20　车站管理用房位置、数量及面积

房 间 名 称	间　数	面积/m²	位　　　置
站长室	1	10～15	站厅层接近车站控制室
车站控制室	1	25～35	站厅层客流量最多一端
站务室及会计室	1	10～15	站厅层
保卫室	1	15	站厅层客流量多一端
休息室及更衣室	各2	2×15	设在地面或地下
清扫工具间	2	2×6	站台层、站厅层各按一处
清扫员室	1	8	站厅层接近盥洗室处
茶水间	81	6～8	站台层或站厅层
盥洗室	1	6～8	接近茶水间设置
厕所间	2	2×8	内部使用，设在站厅或站台层
售票处	2	2×6	设在站厅层
问讯处	2	2×3	接近售票处设置
补票处	2	2×3	需要时设置，设在付费区内
公用电话	2	2×2	站厅层
备用间	1	15	站厅或站台层
乘务员休息	1	10～15	有折返线的车站设置，站台层
票务室	1	10～15	3～4站设一处，可设在地面

二、电气

地铁变电有牵引和降压变电两种，具体要求见表 5.21。

表 5.21　电气用房

名　　称	面积/m²	用途及位置
牵引变电	40	·将 10 kV 高压交流电改变为 825 V 直流电 ·位于站台某一侧 ·每 2 km 左右设一个
降压变电	40	·将 10 kV 高压交流电改变为 380 V、220 V ·同上
主控制室	30	·附属用房 ·位置以变电为中心布置一侧 ·以电气专业为指导
蓄电池室	30	
整流器室	30	
值班及工具室	30	

三、通风

通风是隧道和车站不可缺少的部分,地铁通风一般以平时使用为主,设计时还要考虑应急状态下的防护通风,必要时还需采用空调系统。列车在隧道内运行会产生列车风,起到一定的通风作用,但地铁内的大量热量、污浊气体、灰尘应需通过辅助的机械排风去解决。有关通风设备对建筑影响见表5.22所示。

表5.22　通风用房

名　　称	用途及位置
风道	·隧道顶或侧部开口 ·一般的风量标准为 30 m³/h ·每隔 80～150 m 设一个 ·长度不宜大于 10 m
风机房及消音	·见区间设备段
隧道隔墙	·防止隧道风过大 ·位于隧道二线路之间 ·车站 30 m 以外设置 ·有开洞要求

四、给排水

给排水主要有给水泵房、排水沟、污水泵房、厕所等,详见表5.23所示。

表5.23　给排水用房

名　　称	面积/m²	用途及位置
给水系统		·每 3～4 km 设一深水井
给水泵房	15	·地下 80 m 深处设潜水泵
排水系统		·坡度 2‰～3‰
排水泵房	30	·位于变坡低点处 ·以 2 km 设一个为宜 ·地面比轨顶标高高 25 cm 以上,净高为 3.6 m ·局部设集水井容积大于 40 m³
污水泵房	12～15	·临近卫生间 ·地面应同化粪池底平 ·设污水泵

五、管理、设备用房布局

运行管理用房、设备用房实例见图 5-77~5-81 所示。由图 5-77 中可以看出站台高度尺寸，并可以看出站台与机车厢边尺寸不大于 120；图 5-78 是在运营管理中行车主值班室，常临近继电器室及通讯引入线室；图 5-79 是变电站布置，图 5-80 是通风布置，图 5-81 为给排水泵房。

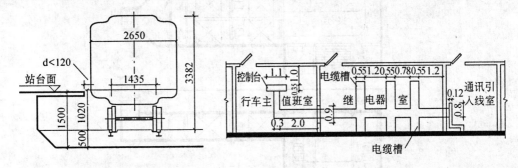

图 5-77　站台高度及站台车箱间的缝隙

图 5-78　主值班室、继电器室、通讯引入线室布置图

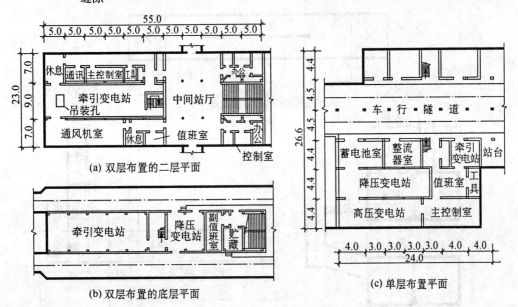

(a) 双层布置的二层平面

(b) 双层布置的底层平面

(c) 单层布置平面

图 5-79　车站变电站布置

电气设计主要有动力电(380 V)、照明配电(220 V)，图 5-79 中牵引变电站占用房间为上下二层，降压变电同蓄电池室、整流器室、值班室、主控制室设在一起；图 5-80 中通风利用顶

部风道,每隔一定距离设水平的风机房,并由风井进排风;图5-80(b)中的隔墙是为了划分隧道风而设置;图5-80(c)是隧道中顶部和侧部的两种通风方式做法;图5-81(a)为深井泵房,主要供地铁用水,图5-81(b)为污水井的设计,污水由水泵排至市政管网,图5-81(c)为厕所下部化粪池与污水泵房间的相互关系。

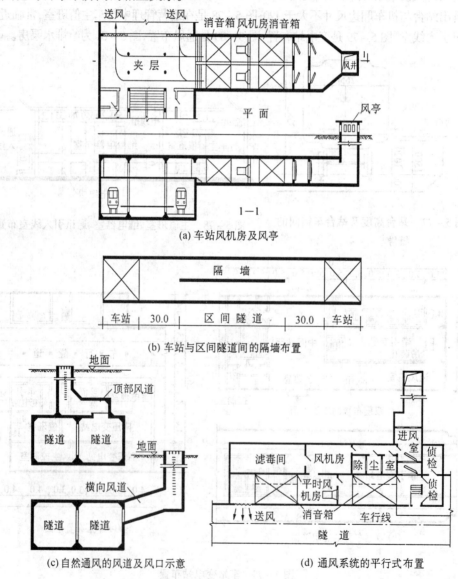

(a) 车站风机房及风亭

(b) 车站与区间隧道间的隔墙布置

(c) 自然通风的风道及风口示意

(d) 通风系统的平行式布置

图5-80 通风布置

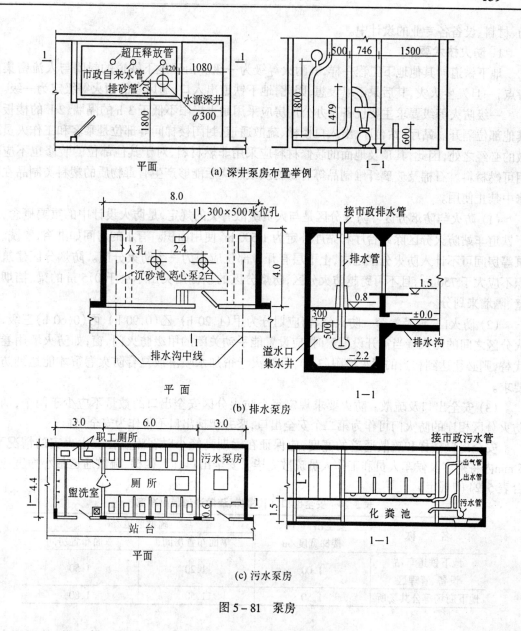

(a) 深井泵房布置举例

(b) 排水泵房

(c) 污水泵房

图 5—81　泵房

六、防灾

地下铁道防灾主要指防火灾、防水灾、地震、人为事故及其他自然灾害等。为了有效地防止或减轻由灾害对地铁所造成的损失,在地铁设计中必须采取多种防灾措施,它包含在建筑布局、材料、设备各专业的设计中。

1. 防火技术要求

地下铁道同其他地下工程一样，其耐火等级为一级。由于地下铁道的封闭与人流密集的特点，一旦发生火灾，其后果不堪设想，因此，地下铁道出入口、通风亭的耐火等级定为一级。

一级防火等级要求主要设备及办公用房应采用耐火极限不低于 3 h 的隔墙、2 h 的楼板与其他部位隔开。站厅、站台厅、出入口楼梯、疏散通道、封闭楼梯间等部位是乘客和工作人员疏散的必经之处，因此，其顶及地面的装修材料应采用非燃材料，对于其他部位的装修也不应采用可燃材料。石棉及玻璃纤维制品等有毒物质或燃烧后能够产生有毒物质的塑料类制品在装修中禁止使用。

(1) 防火与防烟分区　防火分区是与人员疏散有关的规定，是防火设计中的重要概念，地下铁道车站防火分区除站台厅和站厅外定为 1 500 m² 使用面积。有水的房间如淋浴、盥洗、水泵等房间可不计入防火分区之内，上下层有开口部位应视为一个防火分区。防烟分区建筑面积不应大于 750 m²，且不可跨越防火分区，防烟分区的顶棚用突出不小于 0.5 m 的梁、挡烟垂壁、隔墙来划分。

(2) 防火门、窗及卷帘　防火门、窗应划分为甲(1.20 h)、乙(0.90 h)、丙(0.60 h)三级，防火分区之间的防火墙当需开设门窗时，应设置能手动关闭的甲级防火门、窗，如防火墙用卷帘代替，则必须达到相当的耐火极限(3 h)，且防火卷帘加水喷淋或复合防火卷帘才能达到防火要求。

(3) 安全出口及疏散　防火要求规定每个防火分区安全出口的数量不应少于两个，两个防火分区相连的防火门可作为第二个安全出口，竖井爬梯出口不得作为安全出口。

安全出口楼梯和疏散通道的宽度，应保证在远期高峰小时客流量在发生火灾的情况下，6 min 内将乘客及候车人员和工作人员疏散完毕。安全出口、门、楼梯、疏散通道最小净宽应符合表 5.24 的规定。

表 5.24　安全出口、门、楼梯、疏散通道最小净宽

名　称	安全出口、门、楼梯宽度/m	疏散通道/m	
		单面布置房间	双面布置房间
地下铁道车站设备、管理区	1.00	1.20	1.50
地下商场等公共场所	1.50	1.50	1.80

附设在地下铁道内的地下商场等公共场所的安全出口、门、楼梯和疏散通道，其宽度应按其通过人数每 100 人不小于 1 m 净宽计算，商场等公共场所的房间门至最近安全出口的距离不得超过 35 m。袋形走道尽端的房间，其最大距离不应大于 17.5 m。

(4) 设备及其他要求　地下铁道隧道区间及车站等处的消火栓及用水量设置应符合表 5.25 中的规定。

表 5.25　消火栓最大间距、最小用水量及水枪最小充实水柱

地　点	最大间距/m	最小用水量/(L·s⁻¹)	水枪最小充实水柱/m
车站	50	20	10
折返线	50	10	10
区间(单洞)	100	10	10

与地下铁道车站同时修建的地下商场、可燃物品仓库和Ⅰ、Ⅱ、Ⅲ类地下汽车车库应设自动喷水灭火装置,地下变电所的重要设备间、车站通信站、信号机房、车站、控制室、控制中心的重要设备间和发电机房宜设气体灭火装置。

地下铁道车站及隧道必须设置事故机械通风系统,疏散指示与救援防护系统,防灾报警与监控系统等。防灾报警与监控系统应设置中心和车站两级控制室。车辆运营及控制中心、站厅、站台厅、折返线和停车线、车辆段等都应设自动报警装置。两个控制中心监控全线防灾设备的运行,如火灾、水灾、地震时发布指令和命令、控制设备运行状况等。

2. 防水淹技术要求

为防止暴雨出现后倒灌车站,出入口处及通风亭门洞下沿应比室外地坪高 150～450 mm,必要时设置防水淹门。

位于水域下的隧道的排水应设排水泵房,每座泵房所担负的隧道长度单线不宜超过3 km,双线长度不宜超过 1.5 km,主要排除渗漏、事故、凝结、生产、冲洗和消防水。

3. 地下铁道防水

地下铁道防水是以防为主,防排结合,综合治理的原则进行隧道防水设计。我国《地下工程防水技术规范》中规定的地下工程防水等级标准见表 5.26。

表 5.26　地下工程等级标准

防水等级	渗　漏　标　准
一级	不允许渗漏水,围护结构无湿渍
二级	不允许渗漏水,围护结构允许有少量,偶见湿渍
三级	有少量漏水点,不得有线流和泥砂,实际渗漏量小于 0.5 L/(m²·d)
四级	有漏水点,不得有线流和泥砂,实际渗漏量小于 2 L/(m²·d)

我国对地下铁道车站及机电设备集中地段的防水等级定为一级,即围护结构不应渗漏水,结构表面不得有湿渍。区间及一般附属结构工程的防水等级定为三级,即围护结构不得有线漏,结构表面可有少量漏水点。上海地下铁道新村站实验段渗漏量为 0.02 L/(m²·d);北京地下铁道一期工程苹果园至北京站全长 47.17 km,渗漏量估计小于 0.02 L/(m²·d)。要达到这样的标准,要求防水混凝土的抗渗标号不得小于 0.8 MPa。采用沥青类卷材不宜少于两层,橡胶、塑料类卷材宜为一层,厚度不小于 1.5 mm。必要时根据需要增设防水措施或刚柔结合的办法防渗。变形缝及施工缝可加设止水板或设置遇水膨胀的橡胶止水条。

第六章　地下空间民用建筑

第一节　地下空间民用建筑类型与发展

一、地下民用建筑的类型

地下空间开发的民用建筑主要有地下公共建筑和居住建筑。地下居住建筑是供人们起居生活的场所,如突尼斯的地下聚居点、中国的窑洞民居、美国的覆土住宅等。地下公共建筑主要指用于各种公共活动的单体地下空间建筑,内容涉及办公、娱乐、商业、体育、文化、学校、托幼、广播、邮电、旅游、医疗、纪念等建筑,小型地下街及集散广场也属于地下公共建筑,但地下综合体已带有城市的部分功能,其内涵较公共建筑要大得多,所以,这里把公共建筑定义为功能较单一,规模不大的地下建筑。

二、地下民用建筑的发展

地下民用建筑在很早以前就存在,一直发展至今,某些地区仍有数百万人口居住在传统式的地下居所中。中国北部的黄土高原,至今仍有 3 500~4 000 万人居住在各种黄土窑洞中,陇东地区的庆阳、平凉、天水、定西四县,窑居户数为总农户数的 93%,临汾的太平头村高达98%。

突尼斯撒哈拉沙漠边缘上,分布着 20 多个地下聚居点,马特马哈(Matmata)、泰秦尼(Techine)、高尔米萨(Guermessa)、都来特(Douiret)等,居住着 9 000 多人。距土耳其首都安卡拉东南 400 km 的耐夫塞尔城(Nevsehir)所在地区,名为开帕多西亚(Cappodocia),在那里散布着 42个地下聚居点,已有 4 000 年的历史,至今仍有人居住或作为其他用途。

凯马可地下城 1954 年被发掘出来,是一座山体中挖掘出来的地下综合体,有 9 层空间,可供 6 万人居住并从事各种活动,为中世纪时欧洲基督徒逃到这里而建造的。1963 年发现的德林库玉地下城距凯马可 9 km,至今已挖掘出了 8 层,史籍记载当时该地下城有 18~20 层,面积40 万 m²,有纵横街道,2 万多个洞室,可住 10 万人。

波兰的克拉科(Krakow)自19世纪以来就存在地下居住区,共有7层,埋深200 m,延续长达120 km,有剧场、教堂和舞厅等公共建筑。

美国旧金山市莫斯康尼中心(Moscone Center)是一大型地下会议和展览建筑,建于1981年,2.3万 m^2,是跨度为90 m的无柱展览大厅,地面建有3.2万 m^2 的公园。

美国的哈佛大学(Harvard University)、加州大学伯克利工学院(College of Engineering, University of California, Berkeley)、密执安大学(University of Michigan)、伊利诺大学(University of Illinois)都建有地下公共图书馆。

瑞典的国家档案馆、斯德哥尔摩市的大型地下电话交换台及档案库、美国明尼苏达州可容纳400名犯人的改造营等都是地下民用建筑的典范。

上述事实说明,地下空间民用建筑具有悠久的历史,发展至今,地下空间居住与公共建筑又被当作对空间资源的开发利用,保护土地与生态环境的新建筑类型广为人们所接受。进入21世纪,伴随世界人口的急剧增长,城市集约化程度的提高,人均占有耕地的减少及环境生态的破坏,人们已越来越重视对地下空间的开发和利用,使人们重新审视地下空间资源对人类及环境所发挥的重要作用,"到地下去"是人类21世纪空间资源开发的又一口号。

三、地下民用建筑的特点及优越性

远古时期的地下民用建筑,建筑技术低下,人们还无能力建造地面建筑,出现了掘洞式的居住与公共建筑。在漫长的历史时期内,伴随着人类社会的发展及科学技术的进步,人类社会由地下穴居转移到地面,社会的发展及工农业大分工,出现了城市,资本主义的先进技术更加促进了城市的繁荣,城市的集约化与扩大反映出城市的弊端越来越严重,以至于使人类自身受到威胁。城市向地下发展以保护生态环境是可持续发展的必然趋势。

地下空间民用建筑具有下列特点及优越性。

1. 可协调自然环境

人类生活居住离不开阳光、自然环境及气流,因此,居住建筑常建造成半地下式、覆土式、下沉广场式、窑洞式等类型(图6-1)。此类型易同环境协调,具有保护环境的特点。

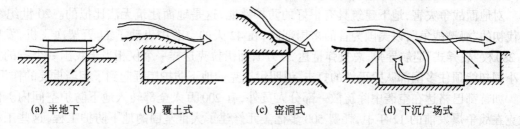

(a) 半地下　　　(b) 覆土式　　　(c) 窑洞式　　　(d) 下沉广场式

图6-1　居住建筑的剖面形式

2. 保护土地资源

地下民用建筑节约耕地，不占用大量农田，可以有效地保护土地资源，缓解用地紧张的状况。以我国为例，据气象工程遥感资料判断和测算，1986~1996年，全国31个特大城市城区实际占地规模扩大50.20%；据国家土地管理局的监测数据分析，近10年中城市建成区规模扩展都在60%以上，有的城市占地成倍增长。联合国联农组织报告指出，全世界每年丢失的耕地面积相当于爱尔兰国土。人类已经占用可耕土地2 000万 km^2，还剩下不到1 500万 km^2。全球有5亿人挨饿，原因是可耕地不足。我国情况更为严重，从1986~1996年的10年间平均每年占用耕地2000 km^2，相当于我国3个中等县的耕地。城市的高度集聚与扩大使耕地减少的状况不能再继续下去了，它对人类构成了致命的威胁，因此，开发地下空间对保护耕地是最好的方法。

3. 有较强的防灾减灾优越性

地下民用建筑对预防战争及地震灾害有较好的防灾减灾作用。从1117~1920年的800年间，我国共发生过7次强震，最大的一次8.5级，发生在1920年的宁夏海源，死亡23万人；1929年内蒙毕克齐发生6级地震，出现山体滑坡；1976年与山西右玉县相邻的内蒙和林格尔发生强震，主要是窑洞口部破坏较多。从地震发生后的实际破坏情况看，在地下的窑洞要比地面上的土坯墙木屋架的住房破坏程度要轻。例如，《浮山县志》载："康熙三十四年地震，房屋尽倾，……上下傍崖穴居仍旧"。表6.1为窑洞民居与地面建筑在5.7级地震作用下破坏情况比较。

表 6.1　宁夏西吉县 1970 年地震后农村住房破坏情况

建筑类型	被调查的数量/幢	不同程度震害所占比重/%			
		全毁	毁坏	轻度毁坏	完好
地面住房	259	64	24	3	9
黄土窑洞	45	42	14	13	31

1976年，唐山遭受到300年一遇的大地震考验，在地面建筑生活的人中，伤亡了25万人之众，而在地下空间（矿井）环境工作的2.5万人则"无一伤亡"。唐山市300 km范围内的铁路、公路、桥梁全部坍塌，而跨越唐山陡河水下及地下的人防通道却完好无损。唐山市地面建筑震后几乎全部损坏，而地下电站、食堂等建筑仍然可以照常使用。

对地面战争灾害，地下建筑具有很好的防护性能，这是地面建筑无法比拟的。20世纪90年代初的"海湾战争"，以美国为首的多国部队，在42天的空袭中出动了11万架次飞机，发射了280枚"战斧式"巡航导弹，总投弹量达30万 t，而伊拉克这样一个仅相当于我国一个省的人口小国却能顶住多国部队毁灭性的打击，说明伊拉克的地下防护工程起到了相当重要的作用。

如首都巴格达在空袭中除疏散一部分人员外，有200万人全部转入地下防护空间内。伊拉克在战争爆发前的12年中，耗费500多亿美元修建了大量坚固的地下防护工程，这些工程在战争中有效地保护了军事力量和装备，减少了人民生命财产的损失。

20世纪90年代末的"科索沃"战争，北约对南联盟进行历时78天的空袭，出动3 200架次飞机,所投炸弹的当量相当于当年美国在日本广岛所投原子弹的9倍,南联盟地面设施遭到了严重破坏,而南联盟的地下防护工程发挥了重要作用,有效地保护了人民生命财产及军事设施。

纵观20世纪百年战争史,二战时期的列宁格勒(圣彼得堡市)保卫战(地铁发挥了重要作用),我国抗日战争时期的地道战,朝鲜战争的上甘岭坑道战都说明地下空间的防护性能。

4. 冬暖夏凉、节约能源

地下民用建筑冬季保温性能好,夏季凉爽,既避风雨,又防寒暑,其"冬暖夏凉"是具有很大优势的。例如,我国黄土高原,地面以下6 m,土体温度基本稳定,10 m以下可以保持温度恒定,这样既解决了室内温度问题又有效地降低能源消耗。

5. 有助于保护古建筑及原有城市面貌

地下民用建筑的开发不破坏城市原有建筑,既解决了城市扩建所需的空间问题,又能保存历史遗留下来的古街道及建筑,使各时期历史得以完好保存,取得良好效果,保护了历史文化。

第二节　单体地下民用建筑

一、地面建筑与地下建筑的区别

地下民用建筑设计原理同地面相应功能建筑设计原理是相近的,差别较大的是地面建筑有立面要求,其外观造型受到使用者及建筑师的重视,它往往成为业主的象征,由建筑组成的城市更是社会现代化的表现特征。

地面建筑立面设计风格代表着各个不同历史时期的发展,其艺术特征深深地感染着一个民族或使用者。一个成功的具有历史意义的建筑作品其艺术风格的超凡脱俗使人们感到自豪,它代表着一个时代的政治及技术水平。

某些著名建筑甚至成为一个国家的代言词或标志。金字塔即代表埃及,万里长城代表着中国,悉尼歌剧院代表着澳大利亚,埃菲尔铁塔代表着法国等等。这些建筑都有着不同寻常的政治、经济、社会背景。某个时期的城市规划与单体建筑或群体建筑风格记载着该时期的历史。建筑师常说:建筑是凝固的音乐,建筑是艺术,建筑是用石头铸成的历史书。这些只是建筑的表面现象,而其实质是它丰富的空间使用性。

地下建筑由于建在岩土中,已没有其可观赏的外部造型,所以它没有立面造型的风格艺术,人们容易看到的只有它丰富的内部空间,人们也为地下建筑空间的丰富及难于建造而感到自豪。在过去的一段历史时期中,地下空间建筑常同战争防御及指挥联系在一起,如美国的地下空间中心(核控制)、原苏联的斯大林地下行宫、伊拉克萨达姆的地下指挥中心等。今天的地下建筑已同城市功能联系起来,同环境保护及人类生存联系起来,伴随城市地下空间建筑的发展,作为新时代广义建筑学的发展,地下空间建筑也必将记录着一个时代的社会政治、经济、技术发展的水平,21世纪是地下空间不断发展的世纪,它才刚刚开始,其远景是十分广阔的,地下空间建筑在人类社会发展中定会有不同凡响的历史作用。

广义来说,地上与地下建筑其设计的基本原理是相同的。其不同点是地下建筑立面风格没有表现力,地下民用建筑的空间组成及功能分析也同相应的同性质的地面建筑,由于地下建筑建造困难及造价较高,对平面及空间布局应更紧凑。例如,地面建筑设计中常常有这样一种倾向,为了追求其立面外观而使平面扩展得很复杂,以突出它的变化形体或增加一些与空间功能无关的装饰艺术手法等,使人们常常误认为建筑是形体的艺术,而地下建筑在形体艺术上的减弱却使人们看到了真正的建筑内涵——空间功能。空间功能是地下建筑十分重要的本质概念。

除造型外,下述几方面也是不同的。

1. 建筑外围介质不同

地面建筑外围介质为空气,受着室外风、雪、雨、霜等自然气候的影响,因而设计时要考虑相应的建筑构造。如严寒地区的保温墙体,热带地区的通风降温,气候类别影响着工程的围护结构材料及构造措施。而地下空间建筑全部埋入岩土时,周围介质为岩石或土壤,因此,构造上可不考虑风、雪、雨、霜等室外气候的影响,建筑围护结构构造也较地面简单。

2. 防减灾性能不同

地面建筑根据不同工程地质及地震烈度有不同的抗震设计方法,由于地震的随机与复杂性,地面建筑抗震设计仍然不能达到满意的程度,遭受地震破坏引起的损失仍然是巨大的,对面临的战争灾害是无法应付的。而地下空间建筑对抗震减灾及面对战争灾害的防护能力是最好的。

3. 综合技术条件差别较大

地下空间建筑内部设备造价较高,如风、水、电等,这是由于地下建筑接受阳光、自然风等方面需要采用较为复杂的技术来完成。其施工、地质、防排水、管线结构型式都与地面建筑有较大差别。

4. 所包含的功能差别不同

人们常把地面建筑理解为与生活工作有关的场所,提到建筑即是楼房的概念,而不含铁路、桥梁等。而地下空间建筑的内涵及功能要大得多,它可以是交通的铁路,通汽车的公路,排水的管沟,油汽的贮存,城市的街道,同时又包含一切地面建筑所具备的功能。因此,地下空间建筑多而广泛,几乎城市中的一切都可在地下空间建筑中完成,大规模的地下空间建筑综合体也存在其立面艺术造型,成片的街景及空间竖向纵横交错的空间关系。

5. 对生态环境的影响不同

地面建筑与城市是人类社会发展史上必然出现的。当繁华大都市出现的时候,当优秀建筑作品产生的时候,气势如虹的城市立交路桥、高层建筑林立的时候,人们赞叹自身的伟大技术与现代工业成就,欣赏着壮观的都市景色,它对人类来说是首次的,是从未见识过的,因为人类对自己在自然界中所创造的辉煌总是兴奋不已,有史以来人们就是这样渡过的。社会发展到今天,人们也看到了人类自己正在创造着使自身生存受到威胁的一面。城市与建筑虽然满足了人们许多需要,而对自然界生态环境来说,地面建筑与城市是多余的,是对土地、空气、森林、江河等的破坏。大自然并不欣赏、也不喜欢现代化的都市(欣赏的过后,人们开始厌卷城市,回归自然的呼声再次提起)。人们在反思过程中提出生态建筑、环保建筑、绿色建筑等新建筑类型。

城市对土地的破坏使大地得不到水分,因为高层建筑与沥青路面将水与大地隔绝,进而影响生态的平衡。而地下空间建筑即满足了人们生活和工作的需要,同时对环境生态又起了保护作用。因此,冷静下来之后可看到,城市不应在地面及空中继续发展,而应侧重向地下发展,保护土地、江河、森林及空气是人类保护自身生存的根本。

6. 生活与工作的室外环境不同

人们生活在自然环境中,离不开大自然,在地面生活和工作,可通过窗观看环境景色,而全埋地下建筑则效果较差。日本在深层地下建筑中研究了植物在人工光线下的生长,已获得成功,因此,地下空间人工环境再创造,是地下建筑发展的重要一步。

二、地下民用建筑的空间组成

地下民用建筑的空间组成与使用性质种类繁多,主要是由出入口通道空间、主要使用空间、次要使用空间、交通联系空间所组成(图6-2)。

例如,地下覆土住宅,主要使用空间为卧室、起居室、书房;次要使用空间为卫生间、厨房、贮藏间等;交通联系空间有过厅、走廊;出入口通道空间是联系地下与地面的主要设施(图6-3)。

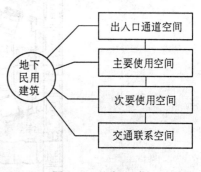

图6-2 空间组成

又如斯德哥尔摩市伯尔瓦半地下音乐厅(Berwaldhallen, Stokholm),其主要使用空间为舞台及观众厅,次要使用空间为办公、化妆、卫生、贮藏、售票等房间,交通联系空间为走廊、休息厅、

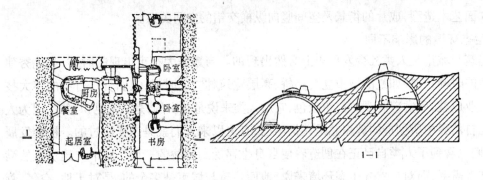

图 6－3　美国采用落地拱结构的覆土住宅

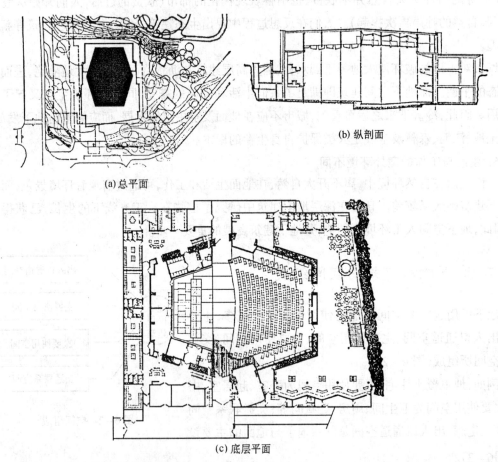

(a)总平面

(b) 纵剖面

(c) 底层平面

图 6－4　斯德哥尔摩市伯尔瓦德半地下音乐厅

楼梯等设施,出入口空间是地上与地下联系的通道(图 6－4)。该音乐厅是瑞典国家广播电视台的一座音乐厅,可供大型交响乐演奏,观众厅可容纳 1 306 个座位,其中 486 个可为合唱团使用,总建筑面积 9 000 m²,建于 1979 年,是岩层上的半地下大型公共建筑。

地下民用建筑的交通联系空间有垂直交通空间,如楼梯、电梯、坡道、通道、自动扶梯等;水平交通空间,如走廊、过厅、步行道、休息厅等;交通枢纽空间,如集散厅、中间站厅、门厅、广场、入口等。

地下民用建筑的交通疏散是十分重要的,特别是大型的会堂、广场、影剧院、体育馆,由于人员多,应考虑在火灾情况下的应急疏散,可按有关地下建筑防火设计规范执行。

1. 出入口通道空间

出入口是地下建筑的重点部位,根据地下建筑性质应有不同的布局。城市繁华区或广场的地下建筑出入口布局应明显而直接,与工程主体连接紧密,不宜过多曲折;以防护为主的地下建筑出入口应考虑掩蔽等伪装要求,平战结合的工程应权衡使用期间的不同性质而考虑出入口通道空间的设计。其基本布局原则是无论以使用为主,还是以战时为主或两者兼顾的工程都应尽量多设置出入口通道空间,通常不少于 3 个。它包括主要出入口、备用出入口、连通其他地下建筑的出入口。

出入口通道空间的设置主要有以下几种布局方式。

(1) 有条件时应同地面建筑相联系,在地面建筑首层设置出入口空间,以充分利用地面建筑的大厅组织分散人流。如哈尔滨秋林地下商场将出入口设于地面秋林建筑内,目前,该商场已同秋林地下街组成一体。

(2) 独立设置出入口交通联系空间。独立设置出入口是地下民用建筑不可缺少的,根据规模、防火疏散、交通便捷要求设置出入口的数量、位置及方向。通常,这种出入口沿建筑周边或四角设置。

(3) 结合下沉式广场设置出入口。下沉式广场是地下民用建筑出入口的一种特殊情况,它常建造在城市广场、站前、公园等人流集散地较宽广的地带。根据工程规模及性质布置下沉式广场。

(4) 结合地面高架路设置出入口。此种出入口常将地面、高架过街桥、高架轻轨车站的出入口同地下民用建筑出入口组合在一起,使地下建筑人流直接流向高架通道,此种方式通过地面转接。

(5) 利用地形组织出入口。建在山区坡地的地下建筑及覆土建筑利用坡地组织出入口,该出入口形式类似地面建筑,通风,透光,使用方便,能同自然环境相协调,整个地下建筑被岩土包围,出入口空间可做成庭院式,屋顶部分可种植被,不破坏自然景观。我国西北地区窑洞式建筑出入口也属此种类型。

（6）通过建筑中庭设置出入口。地面大型建筑常设中庭空间，中庭空间直接连接地下空间建筑，可通过楼电梯或观光电梯直达地下中庭空间的出入口。

2. 主要使用空间

主要使用空间是地下民用建筑的主体，如学校的教室与办公室，医院的病房与诊所，影剧院的观众厅及舞台等。主要使用空间在总图设计中应布置在最重要的区域内，其设计方法应按下述规则考虑。

（1）满足功能要求　每种建筑都应满足建筑特定的使用要求，注意人流、物流、车流的走向及主要使用空间的用途。如影剧院应按观众座位数及人员交通疏散的要求设计，并考虑观众视线要求等。

（2）执行防火规范　地下建筑防灾中重要的是对火灾的防范，因此，平面空间布局应根据建筑的使用性质按防火规范进行设计。如走道式结合建筑应主要考虑人员疏散的长度及房间内的人数，厅式组合要考虑人员集散时间，应注意楼梯间的形式（封闭与防烟）、防火门种类（级别）、防火与防烟分区、材料的耐火极限、防火排烟设施的布置及出入口的位置和数量等内容。我国已颁布的各种类型建筑及地下人防工程的防火规范可作为设计的基本依据。

（3）执行相应技术性规范　不同功能的不同性质的地下民用建筑在设计过程中应按相应的规范进行设计。我国目前对各种建筑，如影剧院、学校、医院、住宅等都制定了相应的设计规范，虽然这些规范都是针对地面建筑而规定的，但对相应功能性质的地下建筑其基本原理也是相近的，特别是主要使用空间是相似的，如学校中的教室，影剧院中的观众厅，体育建筑的网球馆、游泳池等都应按地面建筑规范进行设计。地下建筑与地面建筑设计的主要差别是平面布局及开挖条件和地段限制，不像地面建筑那样只要基地较大即可在平面布局上灵活多变且兼顾立面效果。由于地下建筑无立面造型且需大量开挖土方，故在布局上应集中紧凑。

3. 次要使用空间

次要使用空间服务于主要使用空间。在平面布局中应根据建筑功能分析图并将其设在主要使用空间的一侧或周边。设计的依据是联系方便、交通交叉少、土方开挖量少等因素。不同性质的建筑其次要使用房间有所不同，如影剧院建筑中的办公区、卫生间、化妆室、休息室、会议接待室、小卖店等均是次要使用房间，而指挥所中的办公、会议是主要使用空间。对于不同性质的建筑其主次使用空间是不同的。

4. 交通联系空间

地下建筑的使用部分与辅助部分之间，主要使用空间与次要使用空间之间，辅助部分与辅助部分之间，楼层上下之间，地下与地面之间，出入口与主体之间等，都需通过交通联系空间进行组合。如果把某一使用空间称为单元，则单元与其他单元的连接就是交通联系空间。交通联系空间有水平交通空间、垂直交通空间、交通枢纽空间三个部分组成（图6-5）。

（1）垂直交通空间　垂直交通空间有楼梯、电梯、坡道、自动扶梯四种联系手段。楼梯有

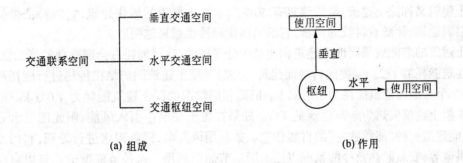

图 6 - 5　交通联系空间的组成及作用

单跑、双跑、三跑等多种形式,踏步尺寸相对固定,踏步高通常为 150～175 mm,踏步宽为 280～300 mm,民用建筑中的公共建筑踏步较缓。坡道主要用于运送物资和病人,也可用于人员通行及汽车运行,坡道坡度一般为 8%～15%,坡道所占面积是楼梯的 4 倍,因此,除非特殊需要及条件允许才可考虑。自动扶梯是地下建筑使用较多的一种类型,适合于公共建筑入口等人流大的地方,其坡道通常为 30°左右,宽度为 81 cm,每小时运送能力为 5 000～6 000 人左右,运行的垂直方向的升高速度为 28～38 m/min。

　　(2) 水平交通空间　水平交通空间主要是走廊、步道、过道等人员通行部分。它联系着各使用空间,通常走廊宽度为 1.5～3.0 m,办公楼、学校、医院宽度依次增加。走廊设计要考虑人流通行方便、疏散符合防火要求。

　　(3) 交通枢纽空间　交通枢纽空间是人流集散、休息、转换方向的空间。面积通常较大,净高较高,是出入口连接的部位,空间艺术、采光、材料要求都较高。如休息厅、门厅、下沉广场等,它常同楼梯、电梯、扶梯、走道相联系,而不直接与主要使用房间相联系。

第三节　地下空间民用建筑实例

一、美国的覆土建筑

　　美国的覆土住宅起源于 20 世纪 60 年代,这种住宅产生的原因在于大城市破坏了自然生态,环境污染日益严重,加上核战争的危险加剧,人们渴望返回自然环境中。70 年代后的世界性石油危机,节能建筑受到欢迎和重视,美国覆土建筑得到迅速发展。80 年代美国全国已建成各类覆土住宅 3 000 多幢,大部分集中在明尼苏达(Minnesota)、威斯康星(Wiskonsin)、俄克拉荷马(OKlahoma)等地,到 20 世纪末估计将有十几万幢覆土住宅,它的发展随着时间的推移会越来越普及。

　　覆土建筑又称掩土建筑,是指建筑有 50% 以上被土覆盖的居住建筑,它的特征类似我国西北的窑洞建筑,伴随着科技的进步,它的诸多优越性也越来越明显。

　　覆土建筑的节能效果同地面建筑相比是十分显著的,建筑能耗占全部能耗的第二位,住宅能耗占建筑能耗的 1/2。据美国对地面建筑(保温)与覆土建筑围护结构传热进行能耗测定比较,冬季 7 个月地面建筑能耗为 10 186 kw·h,而相同情况的覆土建筑能耗为 4 043 kw·h,也就是说冬季覆土建筑失热为地面建筑的 1/3。如果在覆土住宅中引入风能、阳光能及水处理系统,就可能建造一种“能源独立”的自然住宅。如利用风发电,回收雨水进行处理,利用太阳能供热或供电等,安装贮热及冷的系统以便不同季节加以利用。这种节能型的建筑以目前的技术是完全可能实现的,美国在这方面的研究仍处于领先地位。

　　图 6-6 为美国明尼阿波利斯市的单元式两层覆土住宅。该覆土住宅为南北朝向,除正南为玻璃窗外,其他几面均被土覆盖,共 12 个单元,其中 9 个单元建筑面积是相同的为 98 m²,另外 3 个单元也是相同的为 129 m²。通长的檐部为太阳能集热器,增加了主动太阳能供热装置。

图 6-6　美国单元式两层覆土住宅

　　图 6-7 为美国建在山坡上的覆土住宅群,利用山区坡地特点布置建筑,山区的茂密树木将住宅掩蔽其中,住宅像从地下生长出来的一样,建筑与自然生态环境取得高度协调。图 6-8 为美国加利福尼亚建在无茂密树林的山坡中的掩土建筑,顺应山坡走向,地下直接挖掘洞室,正面有较大的庭院,宁静、自然,与环境巧妙结合在一起。

图 6-7　山坡覆土住宅区

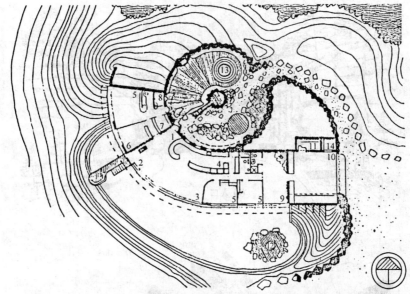

1—入口；2—起居室；3—餐厅；4—厨房；5—卧室；6—书房；7—壁厨；8—淋浴室；
9—卧室；10—车库；11—果酒地下室；12—花圃；13—热浴缸；14—杂物间；

(a) 平面图

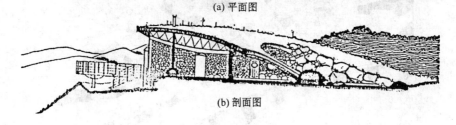

(b) 剖面图

图6-8 美国加利福尼亚州覆土住宅

二、世界上惟一的石灰岩洞室利用

在美国堪萨斯州(Kansas City)有世界上惟一的石灰岩洞室用于民用建筑。所开挖的石灰岩用于生产石膏，面积约有 520 万 m^2。洞室内有许多方形石柱，在一弯形处设有快速路通过，并有入口；入口内有由四个石柱围成的庭院，阳光可直接照入院内；洞室周围设有多个停车场及装卸集装箱车的装卸码头，在入口处装饰了圆柱及雨篷，庭院四周用作办公空间，还有冷藏库、货栈库等，所有库房都与曲折的道路相联系，以便运输装卸。

整个洞室有阳光射入，石灰岩洞室与自然环境形成统一，变化的边线在阳光照射下明暗对比分明，几何韵律清晰流畅，呈现着自然和谐美。图6-9(a)为洞室入口，图6-9(b)为洞室平面，图6-9(c)为洞室剖面。

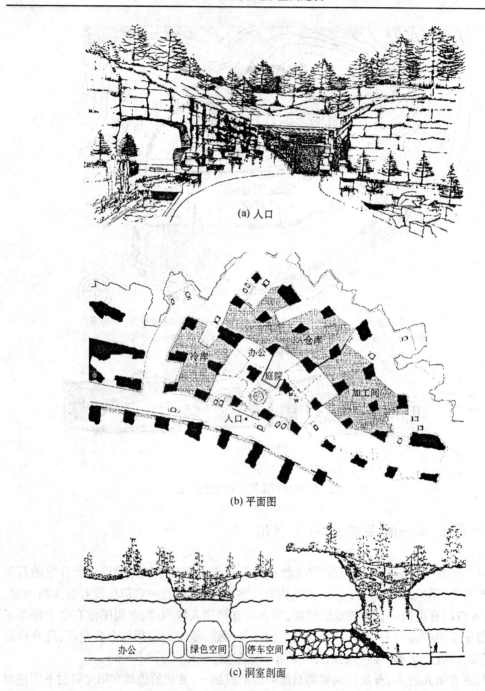

(a) 入口

(b) 平面图

(c) 洞室剖面

图 6-9　石灰岩洞室

三、美国气体力学学院访问中心

美国气体力学学院访问中心是一个供参观访问人员学习有关空气动力学知识的建筑。这所建筑建在一座由土覆盖的地下建筑内,是一座覆土建筑,建筑的入口屋顶处局部暴露,三角形屋顶与建筑空间布局同自然环境协调极佳,犹如土中生长的建筑,地下空间部分展示轻气球、飞机等与空气有关的科技产品(图6-10)。

(a) 正立面入口

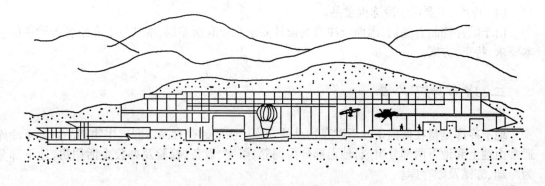

(b) 剖面

图6-10　美国科罗拉多州的覆土建筑

第七章　其他地下空间建筑

第一节　地下贮库

一、概述

地下空间开发贮库具有相当多的优越性,它可利用岩土的围护性能,因而具有保温、隔热、抗震、防护等优点,同时还使贮存的物品不易变质,能耗小,维修和运营费用低,节约材料,保护地面空间及节约土地资源。

远在 5 500 年前,地下贮库在我国就有口小底大的袋状贮粮仓。公元 605 年,隋炀帝杨广在洛阳兴建的含嘉仓和兴洛仓等,就是许多的地下粮仓,说明中国古代已经利用地下贮存粮食。

当代的地下贮存内容已发展得相当广泛。目前主要有以下几个方面:

(1) 地下物资库:包括商品、成品、半成品、药品、机械、木制品、使用品等。

(2) 油、气贮库:包括燃油、燃气等。

(3) 粮库:各种粮食贮存。

(4) 冷库:主要用于冷冻肉食品。

由于贮存物品有差别,因而应注意其设计要求也应有所差别,本章主要介绍各种贮库的基本要求、特点、方案。

二、城市地下冷库

地下冷库是指在低温条件下贮存物品的仓库。主要贮存食品、药品、生物制品。地下冷库通常由地上和地下两部分组成,地上部分为饲养、屠宰、设备、检验及办公生活用房,地下部分为冷却、冻结及贮存库。

地下冷库的优越性在于:稳定,冬暖夏凉的特点可节约运行费用,构造简单,维修方便。无论在土或岩层中都可建造。

地下冷库分为"高温"冷库和"低温"冷库。高温冷库温度为 0 ℃左右,主要用于冷藏。低温冷库温度为 - 30 ~ - 2 ℃,主要用于冷冻。

1. 冷库的设计原则

(1) 划分地下部分规模、技术要求、冷藏物品的种类。

(2) 按照制冷工艺要求进行布局,把制冷工艺与功能结合起来。

(3) 高度 6~7 m 为宜,洞体宽度不宜大于 7 m。

(4) 选址要考虑地形、地势、岩性及环境情况,应选择山体厚、排水畅通、稳定,以及导热系数小的地段。

2. 冷库功能分析图

冷库的一般工艺为加工、检验分级、称重、冷冻、贮存、称重、出库几个环节(图 7-1)。

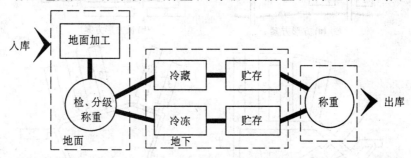

图 7-1　地下冷库平面功能分析图

3. 冷库平面类型

冷库平面类型除必须满足工艺要求外,还要视基地环境及岩土状况、性质来确定。总体来说,冷库平面主要有两种形式,图 7-2(a)为矩形平面,中间可通行小车,两侧冻藏物品,图 7-2(b)为通过走道(通道)连接各组成部分,此种类型更适合岩石地段。

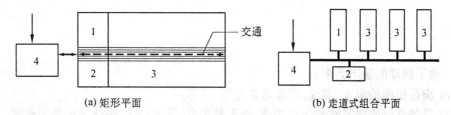

(a) 矩形平面　　　　　　　　(b) 走道式组合平面

图 7-2　两种冷库平面类型
1—冷藏;2—冷冻;3—冻贮;4—辅助用房

图 7-3 给出冷库规划布局,该设计为肉类贮库,贮藏量约 1 500 t,方案采用走道式平面组合,建设基地为山区岩层地带。由图看出,大部分方案的辅助用房均设在地面,冷冻和贮存部分设在地下岩洞内,每个方案均设 2 个出入口。如从通道的走向划分,图 7-3(a)方案为方形;(b)方案为长方形;(c)方案为梯形;(d)方案为多边形。方案中贮存库与通道都垂直布局,形成一个个的内伸洞室,走道将所有洞室连接起来。(a)方案 5 间冻结贮存,1 间冷却贮存,若(a)方案冻结与冷却间比例为 5:1,则(b)方案为 3:1,(c)方案为 3:0,(d)方案为 5:0。冻结间每个方

案必设。

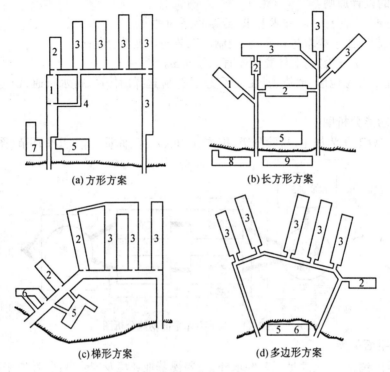

(a) 方形方案　　　　　　　　(b) 长方形方案

(c) 梯形方案　　　　　　　　(d) 多边形方案

图 7-3　岩石中中小型冷库方案

1—冷却贮存库;2—冻结间;3—冻结贮存库;4—前室;5—冷冻机房;6—制冷间;
7—变配电间;8—屠宰加工间;9—办公室

三、地下粮库

1. 地下粮库的基本要求

(1) 满足粮库的温度、湿度,防止霉烂变质、发芽。

(2) 具备良好的封密性与保鲜功能,既不发生虫、鼠害,又能保持一定的新鲜度。

(3) 具有可靠的防火设施。

(4) 平面合理,方便运输。

2. 粮库设计基本因素

粮库设计主要由粮仓、运输、设备、管理几个部分组成。一般贮存面积占建筑面积 50% 左右。一般每平方米贮粮面积可存放袋装粮 1.2 ~ 1.5 t。袋装粮码成垛堆放称为"桩",有实桩和通风桩两种。实桩堆放适用于长期贮存干燥粮食,堆放高度可达 20 m。通风桩有"工"字、"井"字型堆放,使粮袋间留出通风空隙,高度一般为 8 ~ 12 m。"桩"的尺寸由粮袋尺寸和数量确定。桩间留 0.6 m 空隙,桩与墙之间留 0.5 m 距离。粮仓长度由贮存数量决定。

地下粮仓的优点在于节约大面积地面空间,所以各国都相继建造地下粮仓。如阿根廷的一座粮仓贮量为 2 000 t,贮存小麦 14 年不变质,发霉率仅为 5‰。英国曾进行过一次小型地下粮库试验,粮仓 6 m × 6 m,土中浅埋,存放 63 t 玉米,五年后开仓检验,含水率提高 0.5%,损耗为 4%,但发芽率为零。根据试验,粮食入仓前含水率应严格控制在 13% 以下,保持 10 ~ 14.5 ℃的低温,尽可能使粮仓缺氧等。

3. 方案

图 7-4 为单建式地下粮仓,建筑面积为 570 m²,粮仓面积 270 m²,结构为 8 个 6 m × 6 m 的双曲扁壳。

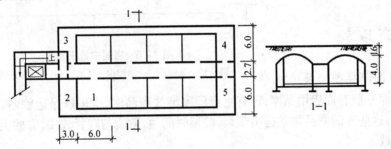

图 7-4 地下粮仓
1—粮仓;2—办公;3—贮藏;4—风机;5—食油库

图 7-5 为散装地下粮库示意图。散装特点是容量大,其他与袋装相同。此图为黄土地区的马蹄形圆筒仓,用砖衬砌后直接装粮,容量大而造价低,贮粮效果很好。

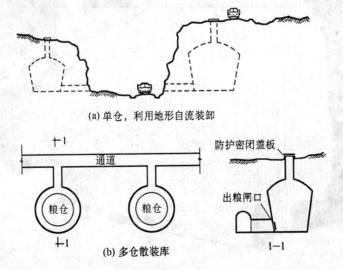

(a) 单仓,利用地形自流装卸

(b) 多仓散装库

图 7-5 黄土地区地下马蹄形散装粮库示意

图 7-6 为岩层中大型粮库方案。只要选择有利地形、地质条件，就可以使粮库规模建造很大，可贮存粮食 1 000 万 kg，供 10 万人吃 3 个月，11 个粮仓，建筑面积 4 000 m²。粮库温度常年为 11.5～13.0 ℃，相对湿度夏季 70%，冬夏 60%。构造处理上是在混凝土衬砌内另做衬套，架空地板。

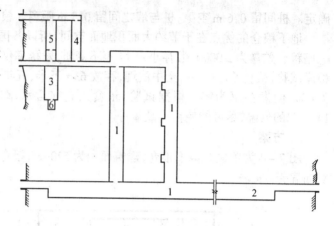

图 7-6 岩层中地下粮仓

1—粮仓；2—食油库；3—水库；4—碾米间；5—电站；6—磨面间

四、地下商品库

商品库可根据商品类型及堆放数量确定。商品库一般有商店用品库，还有生产厂家堆放商品库，也可以是运输站、码头的临时堆放库。总之，这些库的商品常常进出频繁，贮留时间短，取货与存货较快，有些大的车库可直接用集装箱堆放。

图 7-7 为日本岩层中的商品库，总使用面积 19 万 m²。该工程建在山体岩石中，利用岩石中的岩石做柱，柱断面为 1.9～2.8 m²，柱间约为 3.7～5.8 m²，属自由大面积开发地下空间。

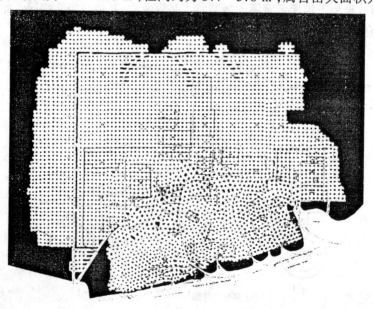

图 7-7(a) 地下商品库房平面

工程有 10 个大型出入口,库内可贮存集装箱,岩性为石灰石。经测算,该库造价仅为地面相同建筑物的 30% ~ 50%。由于岩层的低温性可保持较长时间,所以能源消耗相当于地面的 50%。即使在最大的制冷设备停止运转的情况下,温度在 24 小时之内也仅仅会上升 0.556 ℃。图 7 - 7(a)为该商品物资库平面图,(b)为实际贮存商品现场。

图 7 - 7(b)　地下商品库房内部

第二节　地下人防建筑

一、概述

　　地下人防建筑是地下空间利用的又一功能,在开发地下空间过程中,分批分类别地考虑其防护能力,是对战争灾害的预防性措施。实践表明:地下空间建筑在战争灾害中的防御效果是最好的。因此,人防工程建设是地下空间的重要内容。

　　许多国家都非常重视人防体系建设。平时多准备,一旦进入战争则能有效地保护人员和保存物资。瑞典人防从 1938 年开始建设,目前已建工事 6 800 个,面积 720 万 m^2,在战争时期,全国 90% 的人员都能进入掩体,平均每人达到 0.8 m^2。在设备方面也是十分先进的,包括通信、指挥、报警、防核化装备等。尽管瑞典近百年来未发生战争,但仍然作出战争爆发的各项准备,就以使用平均寿命 20 年的防护衣来说,已生产 760 万套,占 900 万人口的 84.4%,到期就报废,定期更新,经费由国家负责。目前,瑞典人防建筑平时均已利用。

　　以美国的地下核导弹基地为例,一个地下空间发射中心掌管着 10 枚核炸弹,总当量相当于600颗广岛原子弹。人们在和平时期很难想像,美军的7 500枚核弹头(相当于当量为14.5万颗广岛原子弹的威力),高度戒备状态下核炸弹发射事故却能为零,因为它们深藏在地下控制中心。公众可能已经忘却了这些武器的威胁,但美国当局及各国的有关部门却没有忘却。

地下空间能有效保护人身安全。二次大战期间,希特勒有一个叫"钨壁垒"的地下室,而斯大林的地下安全宫深度是希特勒地下宫的两倍,是真正的"一级防弹防毒地下建筑",地下宫建筑深37 m,上面铺有3.5 m厚的钢筋混凝土,可经得住2 t航空炸弹的一次性爆破。

我国从20世纪60年代起进行人防工程建设,各地区建设许多交通干线、指挥所、掩蔽部、医院。20世纪80年代这些工程已陆续投入平时使用。20世纪80年代末期,已把地下空间开发同城市建设、人防建设相结合作为建设目标。进入20世纪90年代中期,地下空间开发考虑把平时和战时功能转换作为人防的建设基调。现在,在大中城市中已开始建设或筹建地下铁道、地下街及地下综合设施,这些地下设施都有一定的防护能力。

人防工程是为防御战时各种武器的杀伤破坏而修筑的地下空间建筑,通常有指挥所、掩蔽部、通讯、水库、贮库、医院、交通干线等。防护工程基调是以战时为主兼顾平时利用,做到平战结合,使人防工程在和平时期也能发挥经济和社会效益。

二、地下人防建筑规划

人防建筑规划必须同城市地下空间及城市建设规划相统一,并在总体规划的指导下再进行人防规划和单项工程设计。

1. 规划原则

(1) 城市的战略地位和现状　战略地位指城市在总体防御中的战略重要程度,通常由上级机关确定。现状指城市目前与工程有关的地下设施。

(2) 水文地质和工程地质、地形条件　此项要求尽可能避开重要的军事及战略重要地段,如桥梁、码头、车站等。

(3) 施工和运输条件。

(4) 与原有的地面建筑及地下空间结合的状况。

2. 规划内容

(1) 做出街、企业、区的规划体系,单项体系服从于城市体系。

(2) 上述市、区、街的体系必须设有连接通道网,使之连成片,既能独立又连成整体。

(3) 确定工程项目中重点工程的项目、等级、数量、规模及位置。这些工程通常有指挥所(省、市、区)、食品加工、医疗、电站、消防车库、贮藏等。

(4) 无论市级、区级还是街道的人防建筑整体都应具备相应的完善系统,如具备生活、电力、抢救、医疗、指挥、动力、物资系统。

图7-8为某城市中心区防护规划示意图。图7-9为某工厂区防护规划示意图。

图7-8的市中心防护体系主要包括战备指挥、防护掩蔽、医疗救护、食品加工贮存、商业、汽车库、战斗工事等。上述几个系统均通过地下公共交通隧道连接,并遍及市中心各个角落,满足了战时的指挥、防护、疏散、掩蔽、生活、工作的多种要求。

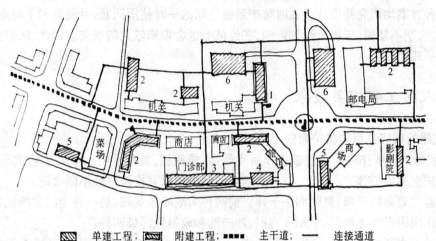

图7-8 某城市中心区防护规划示意图

1—指挥所和防空专业队掩蔽所;2—人员掩蔽所(平时作旅馆、招待所);
3—救护站(平时作门诊部);4—食堂(战时作主食加工厂);5—商店(战时作物资库);
6—车库(战时作人员掩蔽所);

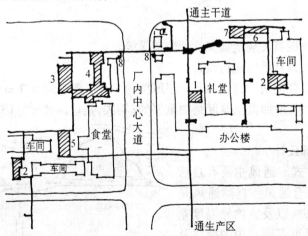

图7-9 某工厂区防护规划示意图

1—指挥所;2—人员掩蔽所(平时作车间办公室);3—救护站;
4—食堂(战时作人员掩蔽所);5—会议室、厕所(战时作人员掩蔽所);
6—备用电站;7—浴室;8—战斗自卫工事

图7-9的工厂区防护规划规模局限于厂区,但功能仍十分完善。从指挥到掩蔽、战斗自卫与医疗救护等均能达到防护要求。所有地下空间防护系统都设在厂内中心道路左右的厂区内,并分散布局。

上述各方案均研究并设计了战时防护系统空间的平时使用问题,目前为和平时期,必须加以利用,若长期不使用,工程将受到影响,在经济上也会带来较大的损失。因此,防护空间建设必须做到平战结合。

三、人防工程有关技术

1. 武器的破坏作用与防护原则

(1) 武器的破坏作用　武器破坏作用主要指:核武器,常规武器,化学、生物武器的破坏。在工程防护上称为"三防"。总之,防护是随着武器的更新其措施也会不断改进。

核武器主要是原子弹、氢弹和中子弹。前两种为战略核武器,后一种为战术核武器。核武器的杀伤作用因素有光辐射、早期核辐射、冲击波和放射性污染四种。

常规武器主要指非核弹头的导弹、炮弹、火箭弹等,它可命中目标造成直接杀伤和破坏作用。91年海湾战争中美军使用了激光钻地炸弹,可钻地30 m深或穿透6 m厚的钢筋混凝土板。

针对上述特点,地下人防工程一方面要有足够的防护厚度,同时也要做好口部防护及伪装措施。

(2) 防护原则

① 人防建筑必须按有关规定确实达到防护等级。

② 要按"三防"的设计要求进行设计。

③ 防护工程最重要的两点,首先,是防层厚度为1.0 m覆土或0.7 m钢筋混凝土,能把辐射剂量削弱99%,因此,增加覆土厚度是很重要的;其次,是口部要做好防冲击密闭,进风口的除尘、滤毒。

2. 人防工程口部设计

(1) 三种通风方式　通风主要有自然通风、机械通风及混合通风。自然通风是利用风压、地形的高差,以及室内外温度差等形成的通风。通风可保证室内的换气及空气新鲜。所以建筑布局上必须考虑进排风路线的畅通,防止出现涡流、死角,尽可能减少通风阻力。此种通风称为平时通风(图7-10)。

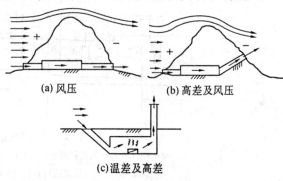

(a) 风压　　　　(b) 高差及风压

(c)温差及高差

图7-10　自然通风的几种类型

战时通风是指人防工程在室外染毒情况下而采取的一种通风方式。这时就必须使染毒的风进行消毒、过滤,从而达到使室内有清洁的通风,以便于人员呼吸新鲜空气。

战时通风有三种通风方式:清洁式通风、滤毒式通风、隔绝式通风。

图 7 - 11 的布置可以说明战时三种通风方式。当平时清洁式通风时,开启阀门 4 和 5,关闭阀门 6 和 7,空气通过风机进入室内。当需要滤毒式通风时,开启 6 和 7,关闭 4 和 5。当需

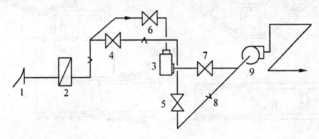

图 7 - 11　通风轴测图

1—防爆波活门;2—空气过滤器;3—过滤吸收器;

4、5、6、7—手动密闭阀门;8—送风管;9—风机

要隔绝式通风时,关闭所有阀门,使空气形成自循环。将上述设备布置在建筑中就会形成如图 7 - 12 所示的风口,再把进风口同出入口结合起来,这种建筑布局是和通风工艺紧密相联系的。由此说明,出入口设计应同进排风设备相统一。

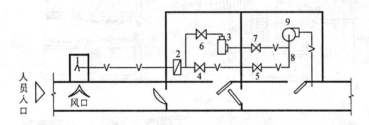

图 7 - 12　进风口与人员出入口平面布置

1—防爆波活门;2—空气过滤器;3—过滤吸收器;4、5、6、7—手动密闭阀门;8—送风管;9—风机

(2) 出入口的形式与平面设计

① 出入口的形式　防护工程中出入口的形式有以下几种:直通式、拐弯式、穿廊式、垂直式,见图 7 - 13。各种出入口形式都有不同特点,必须根据防灾要求、人员数量综合确定,通常不少于 2 个。出入口有主要出入口、次要出入口、备用出入口与连通口,在不同的状态下起不同的作用。

② 战时进排风口的平面设计　进风口兼出入口时,一般应根据防护等级设计,有进风扩散室、除尘室、滤毒室、进风机房、染毒通道、防护门、密闭门等(图 7 - 14)。

排风口设计时,其中有一个必须同出入口相结合,这样可以保证在染毒条件下,室外部分

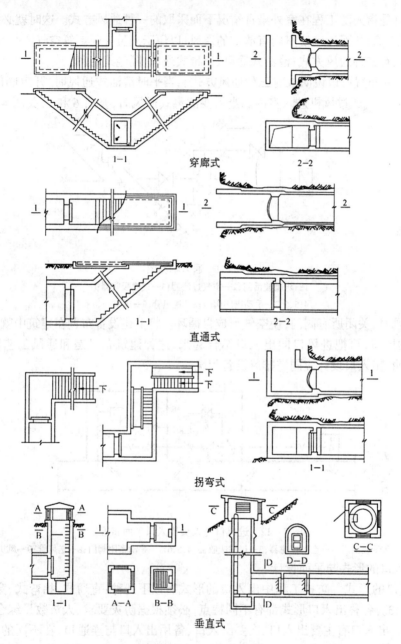

1-1　　穿廊式　　2-2

直通式

拐弯式

垂直式

图 7 - 13　出入口形式

人员进入室内时进行吹淋、洗消等消毒措施。因此,排风口有排风机、排风扩散室、染毒通道、洗消系统、防护门及密闭门。图7 - 15中 1 为缓冲通道,后面为染毒通道,排风机室设在洗消系统室内一侧,厕所等有污染的房间也设在排风口一侧。图7-15(a)中具有2个染毒通道,其中1个为缓冲通道,设防护门、防密门各一个,设脱衣、洗消、穿衣间,各间设密闭门。图7-15(b)中设1个染毒通道和洗消系统,人员行动路线是从染毒通道1→2→5→6→7、8→主体室内,而风的路线与人员路线刚好相反,以保证人员进入工事内在超压环境下,可防止毒气倒流室内。图7-15是排

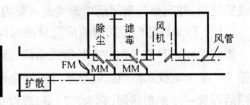

图7-14　进风口设计
FM—防护门;MM—密闭门

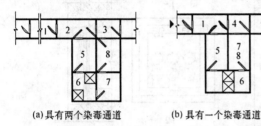

(a)具有两个染毒通道　　(b)具有一个染毒通道　　(c)具有一个染毒通道

图7-15　排风出入口
1—缓冲通道;2、3、4—染毒通道;5—脱衣;6—洗消;7、8—穿衣

风口布置,所以一般有污染的房间如厕所、污水、蓄电池等都设在排风口一侧。

　　排风口设置实际上是平时使用的备用出入口,而在战争染毒状态下,为了让在室外的人员进入工事内,他必须从排风口进入,此时的排风口变为主要出入口,一旦室外染毒,工事内必须与室外全部隔绝,即进入战时使用状态。

　　3. 口部防护设施

　　(1)防护门及密闭门　防护门设在出入口第一道,作用是阻挡冲击波。密闭门设在第二

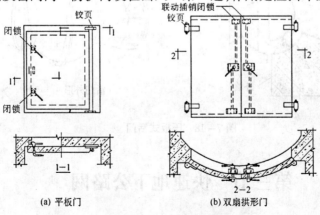

(a)平板门　　　　　(b)双扇拱形门

图7-16　立转式防护门

或第三道,作用是起密闭阻挡毒气进入室内。防护门见图 7 – 16 所示。

（2）防爆波活门　防爆波活门是通风口处抗冲击波的设备。它能在冲击波超压作用下的一瞬间关闭。目前采用的有悬摆式活门、压扳式活门、门式活门等。图 7 – 17 为悬摆式活门,图 7 – 18 为压扳式活门。如果活门不能全部阻止冲击波,为防止余波伤及人员及设备,常在活门后设置一个矩形房间,称为活门室,或设扩散室,该房间主要作用是将从活门缝隙中进来的余压突然在空间内扩散,使单位面积的余压减小,不至于伤害人员及设备。

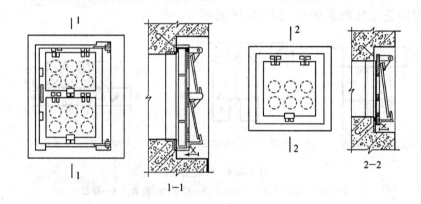

图 7 – 17　悬摆式活门

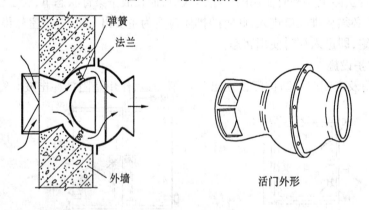

图 7 – 18　压扳式活门

第三节　快速地下公路网

随着社会的发展,交通拥挤和混乱已给城市带来了十分突出的矛盾。在城市不断膨胀的条件下,公路交通状况的改变无疑成为市区人们的迫切愿望。这种背景产生了用于交通运输的地铁、地下公路及越江隧道。

　　地下公路交通设想早在 18 世纪便有人提出,当时交通工具为马车。经过 200 多年的实践,目前地下公路隧道已得到广泛应用。

一、地下交通公路的规划步骤

　　(1) 交通公路规划要以城市现有公路体系为依据进行地面、地下、高架桥的整体开发。

　　(2) 掌握规划段的工程水文地质及地下空间、地下管线的状况。

　　(3) 对立项进行充分论证,做出可行性研究报告。

　　(4) 协调各有关部门,对提出的方案进行选定并组织实施。

二、地下交通公路规划原则

　　(1) 地下交通公路造价高、涉及面广,所以必须在经济状况允许的条件下进行建设,并应尽量缩短地下段的长度及埋深。

　　(2) 规划公路要求能最大限度地解决交通问题并有继续发展的可能性;考虑交通流量及站台设计。

　　(3) 地下公路最好与地面公路、高架公路相接,以减少地下段的长度,并考虑对城市景观的影响。

　　(4) 交通公路涉及面大,因而对拆迁所带来的因素应周密策划。

三、交通公路规划与设计

1. 规划

　　法国巴黎交通速度无论市区还是郊区平均时速为 10 km/h。500 年间,长距离交通速度增加了 50 倍,而巴黎的实际速度只增加了 2 倍。法国巴黎提出 LASER 线路规划(图 7 - 19)。该 LASER 网在巴黎市设置 12 个进口和出口,并通过 5 个支线将它们在主要经济开发区方向上与环形公路和环形高速公路相连。该网约 50 km 长,埋深 40 m(地铁都在 30 m 以内),平均每 800 m 设一个紧急服务通道和为乘客提供的出口,净空 2.4 m(图7 - 20),为了清洁、维护和安全,全部为单向行驶,夜间关闭。

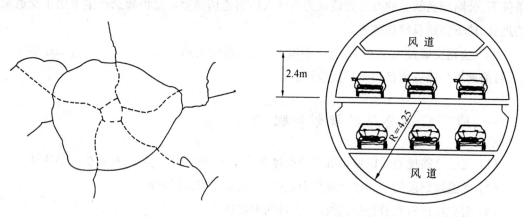

图 7 - 19　LASER 交通网规则图　　　　　　图 7 - 20　LASER 交通网断面图

2. 具体技术

　　在安全方面,特别是交会点附近,三股车道中的其中一股是混行车道,作为直线行驶车辆的中性车道,直到进入车辆插入车流为止(图 7 - 21)。表 7.1 为车道交叉距离。

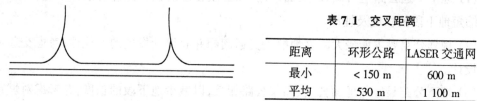

图 7 - 21　交会点车辆出入

表 7.1　交叉距离

距离	环形公路	LASER 交通网
最小	< 150 m	600 m
平均	530 m	1 100 m

　　通风设计为半横向型的,外加沿着交通网按 2 km 间距设一个地下通风站进行局部循环。新鲜空气通过相同间距设置的地下吸风机引入,与排风站交错布置,经过车道上和下的风管为车道空间内供给空气。

　　隧道内每 200 m 是一安全区,隔一个安全区(每 400 m)有一个连接两个高程的梯道。为了方便疏散,在两交通高程之间设立一互相连接通道。

　　当今在长隧道内一般使用运行人员探测和信息系统,包括:

　　(1) 自动火警和事故探测系统;

　　(2) 闭路电视系统;

　　(3) 无线电转播系统;

　　(4) 完善的消防系统;

　　(5) 疏散无法驾驶的车辆的方法;

　　(6) 后备电力供应。

巴黎的 LASER 地下公路隧道能部分解决城市交通所带来的拥挤。

图 7-22 是我国上海市延安东路越江隧道示意图。东起浦东陆家咀烂泥渡路,西至浦西延安东路福建路,全长 2 261 m,隧道外径 11.3 m,盾构法施工,车道宽 7.5 m,净高4.5 m,每小时通过能力 5 万车次。

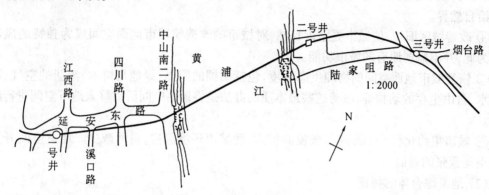

图 7-22　上海市越江隧道示意图

第四节　城市地下空间综合体

一、地下街与地下综合体

1. 关系

城市地下街是地下空间开发的初级阶段,地下街规模小,功能单一,也有些地下街具有多种功能,如将车库、地铁等设施与地下街相联系,但人们还习惯称为地下街。日本的地下街就是地下综合体。地下街和地下综合体,各自的外延并不明确,通常,把那些功能单一或规模较小的建设项目称为地下街,而对规模很大且具有较强城市功能的项目自然就称为地下综合体。目前,各国都流行沿用地下街这一名称,但它不含地铁,车库等设施。

2. 地下综合体的特征及功能

城市地下综合体是近几年来才出现的新词,一般指多功能大规模地下空间建筑,在垂直与水平方向若干单栋地下建筑的连接不能称为地下综合体。地下综合体是伴随着城市集约化程度的不断提高而出现的,是城市地下空间资源集中利用的体现。尽管地下综合体功能多且复杂多样,但其基本功能是相同的。

（1）地下综合体的作用

① 有序地开发地下空间资源,实施统一规划布置,减少资源的浪费与损失。

② 分担和提高城市繁华区的特有功能,解决城市地面空间开发过程中所产生的一系列矛盾。

③ 实施对原有城市建筑的保护,特别是对有历史代表意义的古街道、古城堡、教堂及建筑的保护。拆毁那些对城市面貌及环境有突出影响的建筑、街道及管线,将阳光、绿地、广场、花园留给自然界。

④ 改善城区旧貌,使城市更贴近自然,对城市的改造使城市地面空间成为独特的风景艺术。为此,并不减弱原有的城市功能。

⑤ 恢复城市地面空间的物理生态环境,包括明媚的阳光、绿地与树木、清新的空气、清洁的江水、自由生存的动物等,改善这些最本质的办法是将地面空间活动移入地下空间进行综合解决。

⑥ 城市集约化程度的提高与规模的扩大,使城市环境恶劣,耕地减少。地下空间开发可解决空间紧张的局面。

(2) 地下综合体的特征

① 使用功能复杂,结构形式多样　地下综合体的主要特征是使用功能复杂,表现为使用性质相异的功能组合在一个建筑体系中,不同使用性质用不同的空间组合形式。例如,地下商业街的平面空间组合同商业建筑相似,而地下铁道车站则是隧道及大跨框架,地下运动厅和休闲广场是厅式建筑组合等。这三种不同类型的空间组合会出现不同的三种结构形式。

② 设备管理要求高　地下综合体需设综合管线廊道。由于地下空间建筑是埋在土中,对水、电、热、汽、防护、防水等都提出更高的要求。如需设独立的电站、水源、完善的通风及等级较高的防护与防灾系统。各种管线需由综合管线廊道进行组织,否则,极易产生管线的混乱现象,而且维修不便。

③ 城市的重要组成部分　地下综合体是地下城市的雏形,若干地下综合体的连接初步形成地下城。因而可承担或补充城市的基本功能。城市的基本功能之一是交通集散、商业流通、文化娱乐中心等。

(3) 地下综合体的功能组合

城市地下综合体的特征决定了地下综合体的内容及组成。根据其所担负的城市不同功能特点,地下综合体的主要功能应有所侧重,主要有以下几方面功能。

① 以地下街及步行道为中心的大型地下步行街及商业中心,包括步行过街、步行街及购物娱乐、出入口及休息厅等。

② 以地下铁道为中心的交通集散系统,包括出入口及站厅、站台与隧道等。

③ 以地下车库为中心的停车场系统,包括车辆出入口、车库、连接通道及相应设施。

④ 各种公共服务功能系统,如地面建筑的地下空间建筑中的饮食、文娱、体育、银行、邮政等公共设施,这些设施也可同地下步行街相结合。

⑤ 以地下设备为中心的综合管线廊道系统,如水源、变电、进排风、空调、煤气、供热等组

成的管线廊道。

⑥ 防灾减灾防护体系,主要包括战时需要具备的一些功能,侧重平战结合,如防护设施,防灾中心,临战前应急加固体系,转移疏散及指挥系统。

上述这些内容包含了地下综合体的主要内容,其中每项内容在地面建筑中都被划分为某一种建筑类型。如地铁车站属车站建筑,服务性等属公共建筑等。因此,说明地下综合体是极其复杂的地下空间组合体。

二、地下综合体的发展概况

城市地下综合体是 20 世纪 60 年代左右出现的,地下空间综合工程类型发展得十分迅速,主要原因是城市地面空间的紧张及用地减少。地下综合体是城市重要组成部分,是现代化城市有象征意义的建筑特征之一。

地下综合体的产生是随着地下街和地下交通枢纽的建设而逐步发展的,其初期阶段是以独立单一功能的地下空间建筑而出现的,如 1930 年日本的早期地下街,欧洲国家战后建造的快速轻轨及道路交通枢纽系统等。伴随着社会的高速发展,城市繁华地带拥挤、紧张的局面带来的矛盾日益突出,高层建筑密集,地面空间环境的恶化促进了地下空间向多功能集约化的方向发展。如纽约市曼哈顿(Manhattan),黄城的市场西区(Market wast),芝加哥的市中心,多伦多(Toronto),伊顿中心(Iton center),蒙特利尔,日本的东京等都建造了大规模的地下综合体。

我国的地下空间建筑自 20 世纪 60 年代以来,以人防工程起步(当时不过是出于战备的需要);80 年代末,对人防工程进行开发利用,许多城市将质量不合格的人防工程废除,改造利用了可用的人防工程;90 年代全国大中城市的建设蓬勃发展,人防工程和城市建设相结合发展,以平时利用为主的地下空间防护建筑随着城市建设的发展而发展;20 世纪末,我国地下综合体建设可以说是处在起步阶段。

随着现代城市的不断发展,地下综合体必将是解决城市矛盾最佳的途径,它在繁华都市起着越来越重要的作用。

三、城市地下综合体的平面空间组合

1. 地下综合体空间组合功能分析

地下综合体的空间布局与组合规划是城市总体规划的重要组成部分,过去单一功能的地下空间建筑的建设没有与城市规划相结合,因而规划混乱,甚至给城市建设带来负面影响。因此,考虑到不同时期扩展的需要,地下综合体应统一规划,地下综合体的空间功能组合见图7 – 23 所示,它表示了地下综合体入口、步行街与地铁车站相互间的空间功能联系,其基本流线是人员从入口进入地下步行街或地铁车站,由地铁车站转移到另一个综合体,起到转移疏散人

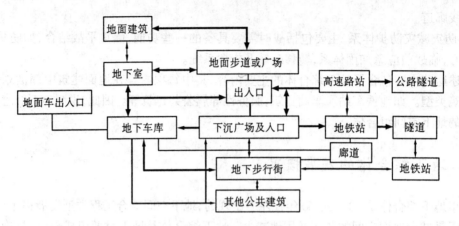

图 7－23　地下综合体功能分析

流的作用。

2. 地下综合体竖向空间组合

　　地下综合体除平面所占面积很大之外,通常通过竖向组合方式完成它应有的功能。竖向组合方式是采用垂直分层式解决。基本关系是人流首先进入地下步行街,然后由步行街进入深层地铁车站;车由入口进入地下车库,存车后人员从车库进入地下街或返回地面街或建筑。图 7－24 是地下综合体分层组合示意图,地下空间建筑划分为四部分,依次为地下步行街、地下车库、地下铁道车站、管线廊道,并连接两端的高速公路隧道,地下车库与地下街既可平行设在同一标高上,也可设在地下街下部,这是通常的竖向布局。图 7－24 表示了地上车库、地下街、高速路与地铁车站间的竖向组合关系。

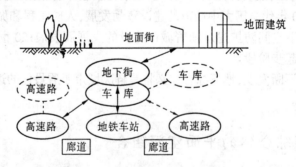

图 7－24　地下综合体竖向空间组合关系

　　图 7－25 为地下综合体竖向组合分层布局方案示意。

　　地下综合体中每项功能都有独立的设计方法,地下街设计采用厅或穿套式布局,地下铁道车站利用岛式或侧式站台,地下车库利用厅或条形布局,高速公路隧道可在地下街某一位置穿过,并设公路车站,综合管线廊道常设在建筑的某一部分中的顶、中或底部,大多设在综合体最下层,不影响其他功能的布局。

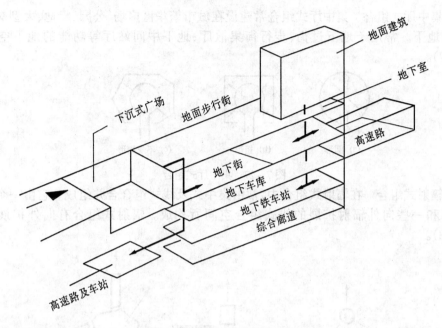

图 7 – 25　地下综合体的布局

3. 地下综合体平面组合分析

地下综合体除在竖向分层组合外,在平面组合中也有多种类型,主要组合有下述几种形式。

(1) 线式条形组合　该形式主要由于地面道路的约束,在道路下垂直分层布置地下综合体,每层分别设计或有不同功能,一般是地下街、车库、公共建筑设在上面几层,而交通设施中地铁车站设在最下层,高速路车站既可在上,又可在下。某些早期开发的地下地铁车站,浅埋在地表下,此时地铁车站与地下街、车库的建设在同一水平标高上,水平面积很大,带来下层空间无法继续开发,浪费了空间资源,因此,条件允许情况下尽可能进行深部开发,这样可创造由下往上开发的条件。如拟建的哈尔滨地铁为 20 m 深,之后由地表向下直接建地下广场、步行街及车库就容易得多,还能同地下铁道车站相联系。

条形组合形式为我国大多地下街开发的类型,其主要特点是在地面街道下并受到街道和相邻建筑的限制。条形组合中有走道式组合、穿套式组合和串联式组合(图 7 – 26)。

　　(a) 走道式组合　　　　　(b) 穿套式组合　　　　　(c) 串联式组合

图 7 – 26　线式条形组合

　　(2) 集中厅式组合　集中厅式组合常建设在城市繁华区广场、公园、绿地、大型交叉道路中心口等地下。常用于地下过街、步行街集散厅、地下中间站厅等功能的地下空间建筑 (图 7 – 27)。

(a) 圆形　　　　(b) 矩形　　　　(c) 不规则形

图 7 – 27　集中厅式组合

　　(3) 辐射式组合　在辐射式组合中,常由集中式及线式组合合并组成。它由一个主导的中央空间和一些向外辐射扩展的线式组合空间所构成。辐射式组合有向外扩展的特征 (图 7 – 28)。

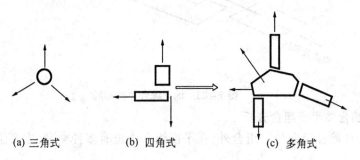

(a) 三角式　　　　(b) 四角式　　　　(c) 多角式

图 7 – 28　辐射式组合形式

　　(4) 组团式组合　组团式组合是由各个独立空间紧密连接起来而形成的整体,常由同形式不同形的类似功能空间相互连接。如地下街同地下室的连接,地下广场与地下车库的连接等。每个组的组合形式可为线式、集中式或辐射式。因此,组团式组合在平面形式上较其他复杂(图 7 – 29)。

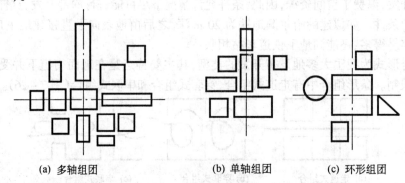

(a) 多轴组团　　　　(b) 单轴组团　　　　(c) 环形组团

图 7 – 29　组团式组合

四、地下综合体组合实例

1. 日本北海道札幌市地下综合体

日本北海道首府札幌市于 20 世纪 70 年代结合地下铁道建设了三处地下街,位于札幌火车站站前广场,大通地下街和站前通地下街。大通地下街有商店街 6 700 m²;步道 7 800 m²;停车场 1 500 m²(374 台),加上其他设施共计 3 300 m²。有三条地铁线通过并设地铁车站,地铁车站与地下街平行布置,地下顶层为地铁站厅,地下二层为地铁站台与隧道线路。地下街与地铁功能各自独立,人流可由地下街进出地铁车站站厅,同时可进出地面高层建筑的地下室,向东可达札幌市电视塔并乘电梯直达顶部观光大厅观赏市容。该地下综合体采用线式条形布局,竖向分层组合方案(见图 7-30)。

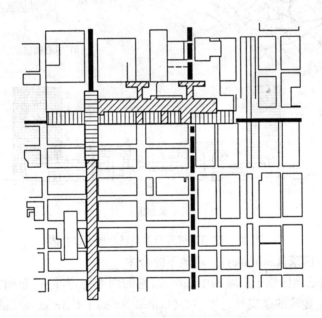

图 7-30　札幌市地下综合体总图规划

▧　地下街;　▥　地铁站;　▬▬　地铁线;　▬　▬　规划地铁线

2. 法国巴黎德芳斯地下综合体

法国巴黎德芳斯卫星城地下综合体德芳斯(La Defence),是法国巴黎市为分散市区人口而建设的卫星城,该城距巴黎市中心 4 km,分为二个区,A 区为商业及业务中心,欧共体等一些国际性办公机构大楼设在 A 区,共有 150 万 m² 办公面积,30 万 m² 商服,6 300 户住宅;B 区主要是居住区,并设有居住社服中心。德芳斯商业和业务活动集中,交通发达,充分开发地下空间资源形成城市地下结合体。

德芳斯地下综合体中有三条高速公路,上下6条隧道,区域快速铁路上下行两条隧道,3条公共汽车终始站台,并设有停车场及其他设施。地面交通实现了步行街,地下交通为机动车,人流、车流完全分开,地面首层及地下顶层均为商业中心,地下以交通线(高速公路与地下铁道)为主。地上地下及高层建筑连成一体,形成大型城市综合建筑群。

德芳斯地下综合体平面为集中式厅形布局,竖向为分层(6层)设计(图7-31)。

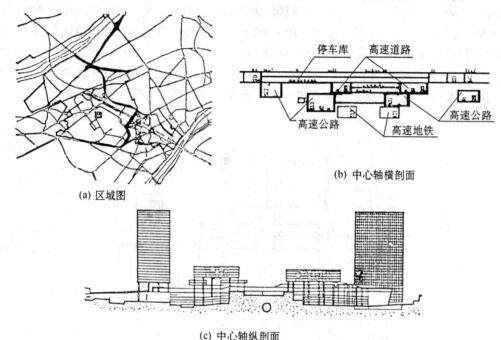

(a) 区域图

(b) 中心轴横剖面

(c) 中心轴纵剖面

图7-31　巴黎市德芳斯卫星城的地下综合体

3. 法国巴黎列·阿莱(Les Halles)广场地下综合体

法国巴黎列·阿莱地区位于旧城的中心部位,它的西南为卢浮宫,东南方的城岛上有巴黎圣母院,东为1977年建成的蓬皮杜艺术中心(Central National d'Art et de Culture, Georges Pompiclou),南临塞纳河,沿河有一条城市主干道(图7-32)。

列·阿莱地区的新规划方案是结合旧交易市场的改造进行的。旧市场主要由8个钢结构建造的街坊所组成(1854~1637年),过去是法国1/5人口的食品交易与批发中心,直至20世纪60年代仍承担着较大的食品批发任务。该地区古迹集中,交通拥挤混乱,巴黎于1962年决定进行彻底更新改造,1971年动迁完毕并做出新的规划方案。

规划的基本原则是继续保持该地区的繁荣状况,这是由经济利益原则所决定的,保护具有历史面貌的古建筑艺术传统风格,建成多功能的公共活动场,这是历史传统风格与现代都市生活高度统一。在构思手法上必然通过开发地下空间综合体才能解决这一难题。规划的基本方

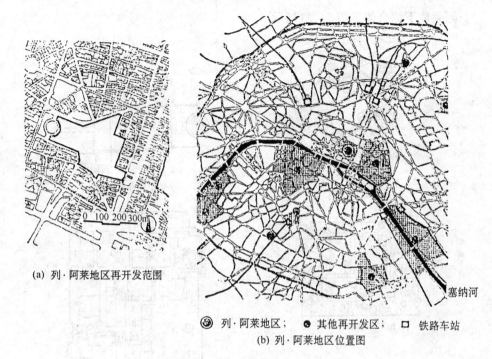

(a) 列·阿莱地区再开发范围

◉ 列·阿莱地区； ◉ 其他再开发区； □ 铁路车站

(b) 列·阿莱地区位置图

图7-32 巴黎市列·阿莱地区位置

案是将全部公共与交通活动(地铁、高速路、停车场、商场、文娱、体育等)建在地下,形成大型地下综合体,保留具有历史文化的建筑艺术风格,在地面形成绿地、广场、下沉广场及步行街系统。为了减轻地下空间的封闭感,将广场西侧占地3 000 m²,深13.5 m的下沉式广场与地面空间用环绕的玻璃走廊沟通起来。这样改造,使环境容量扩大了7~8倍,开发获得了成功。

列·阿莱广场地下综合体,总建筑面积20万 m²,共分 A、B、C、D 四个区。该综合体由交通枢纽(隧道工程、步行道与高速公路)及车库、商业、文化、体育设施等组成(表7.2)。

表7.2 列·阿莱地下综合体组成

内容	面积/万 m²	所在层位	备注
汽车、火车、地铁线路与车站	5.2	2、3、4	2号线高速地铁在2层,市郊高速地铁在4层
高速公路和步行道	3.1	2、3	步行道1.6万 m²
停车库	8.0	2、3、4	容量3 000 台
商场、商店、饮食店	4.3	1、2、3、4	主要集中在2、3层
文娱、体育设施	1.2	1	
下沉广场	0.6	3	贯通1~3层

列·阿莱地下综合体见图 7 - 33 所示。

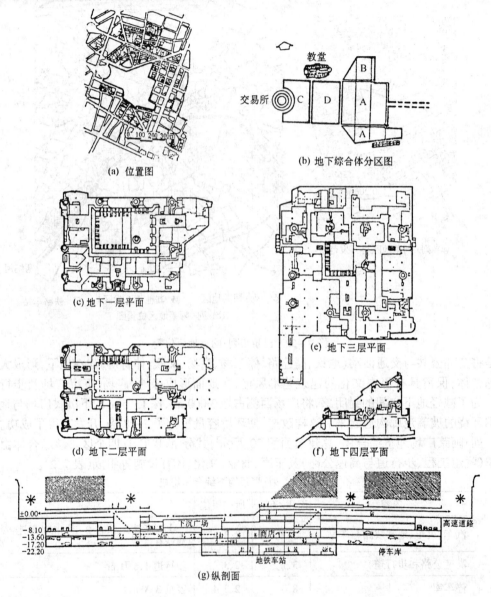

(a) 位置图

(b) 地下综合体分区图

(c) 地下一层平面

(e) 地下三层平面

(d) 地下二层平面

(f) 地下四层平面

(g) 纵剖面

图 7 - 33　列·阿莱地下综合体

4. 日本东京八重洲与川崎地下综合体

东京八重洲地下综合体建于 20 世纪 60 年代,是日本规模最大的地下综合体。总建筑面积 7.4 万 m²,地下 3 层,各层功能见表 7.3 所示。

表 7.3　八重洲地下综合体功能组成

功 能 内 容	层　位	备　注
商业街和地下室	1	150 m 长,215 家商店
地下车库	2	560 台车
高速公路	3	
共同沟	3	高压配电及管线

八重洲地下街平面组合形式为辐射式,平剖面见图 7-34 所示。

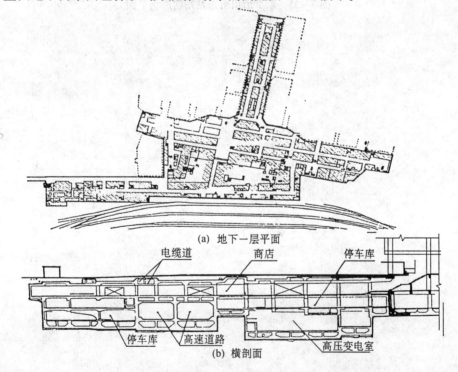

(a)　地下一层平面

(b)　横剖面

图 7-34　东京八重洲地下综合体

东京川崎地下综合体平面规划为集中厅式布局。总建筑面积 5.5 m²,共 2 层,上层为商店,中间设 55 m×22 m 的地下广场,上设玻璃天窗,阳光可直接进入广场,又可防风雨,在广场两侧有宽度为 13 m 和 15 m 两个步行通道,共设出入口 30 个,设有防灾中心,见图 7-35 所示。

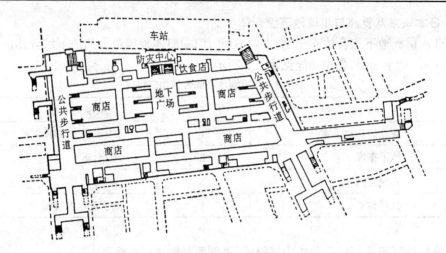

图 7 – 35 东京市川崎东站站前广场平面

第八章　地下空间建筑实例

第一节　北京西单地下综合商业中心

北京西单地下综合商业中心始建于 1997 年,竣工于 2000 年,整个地下空间建筑结合地面广场的景观设计,并通过下沉广场作为地面与地下的联系,设计理念注重了以下几个方面:

(1) 改造区域内的餐饮、商服、健身、娱乐功能;

(2) 结合了步行街与地下铁道及地面交通的功能;

(3) 将广场设计成该区域的文化、体闲娱乐中心,突出了广场环境设计理念。

西单地下综合商业中心占地 2.2 hm^2,广场绿化率 52%,以中心的"十"字形步行商业街共享休息空间为中心,通过下沉广场突出了锥形玻璃顶。广场上布置了雕塑、绿地、花坛、灯柱(小品)、喷泉泻水、150 座观台等设计(图 8 – 1、8 – 2)。

图 8 – 1　地面广场环境

下沉广场为圆形,以中心锥顶为核心,具有旋转动感的效果,地下空间建筑为 8 m × 8 m 柱

图 8-2　中心下沉广场

网,地下室顶板标高为 -3.0 m,地下一层层高 4.5 m,地下二层层高 6.9 m,设有夹层,夹层为停车场,可停放 100 台车,并考虑了与地铁交通的联系,总建筑面积为 3.9 万 m²(图 8-3~8-6)。

图 8-3　下沉广场画廊及入口

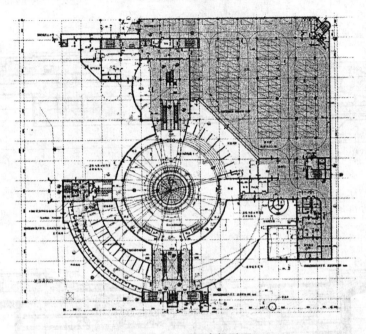

图 8-4 下沉广场平面

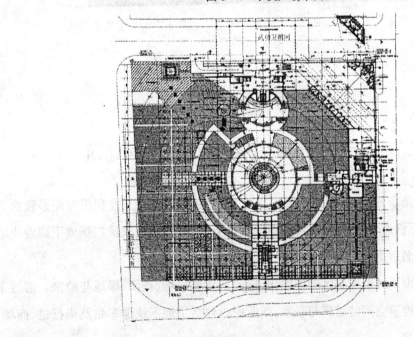

图 8-5 首层平面

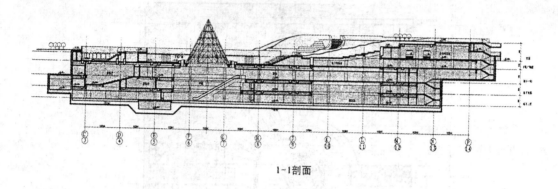

1-1剖面

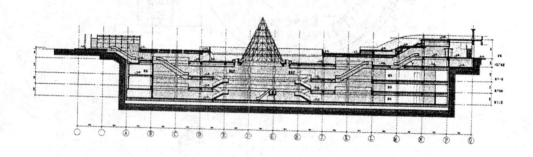

2-2剖面

图8-6　剖面

第二节　上海市商业中心的地下空间建筑

上海市是我国最繁华的大都市,由于城市用地紧张,在地下空间开发利用方面是较突出的,重要的项目有地下铁道1号线和2号线、静安寺地下空间综合体、人民广场地下商业中心(迪美购物中心、香港名店街与地下铁道车站)等。

商业中心设计突出了城市中心区的作用,开辟改造形成广场、花园、绿地与喷泉。通过下沉式广场作为地上与地下空间的过渡与联系,商业中心包括了地下铁道车站及步行道、商场、车库等(图8-7~8-15)。

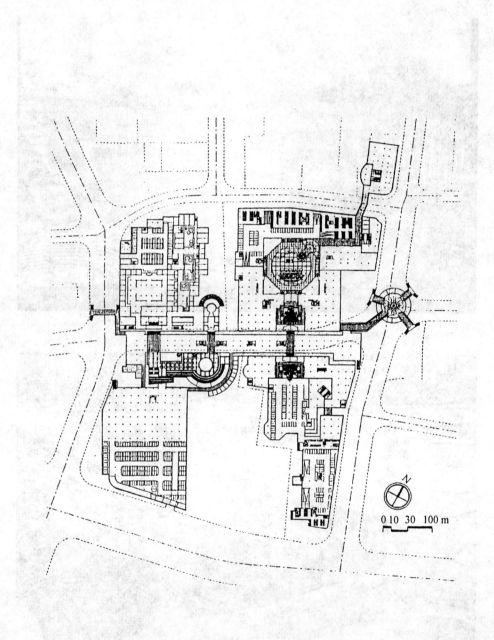

图 8-7　上海市静安寺地区地下商场平面图

图 8-8　静安寺下沉广场

图 8-9　人民广场下沉广场

图 8 - 10　香港名店街下沉广场

图 8 - 11　人民广场地铁站检票口

图 8 - 12　地下铁道岛式车站

图 8 - 13　地下铁道车站上空站厅夹层

图 8 - 14　地铁车站出入口与立交桥

图 8 - 15　地铁车站厅至站台楼梯

第三节　美国明尼苏达大学地下空间中心

美国明尼苏达大学土木与矿物工程系系馆地下空间中心(Underground Space Center of CME Building, Univesity of Minnesota)采用全地下方案(95%),建筑面积 14 100 m²,主要标志为一个下沉式广场,地下有 7 层,设教学、办公、实验三个区域,中心有体息厅。CME 馆最突出的特点为建立了地下空间公共建筑的全新形象,考虑了建筑的节能,包括太阳能供热、发电,冰与地下水利用,阳光传输照明系统,充水玻璃墙集热系统等,使 CME 馆节能效果达 50% 以上。它的地下采光系统包括日光传输光学系统、遥视光学系统、自动跟踪日光的聚光镜及传导系统,可将阳光传导至地下 30 m 深处的地下空间试验中心(第七层),为地下空间工程采光方案提出了十分先进的方法,尽管还存在不完善的地方,但其方向是正确的。该工程总投资 1 300 万美元(920 美元/m²),于 1982 年竣工,获美国卓越建筑工程奖。CME 馆是地下空间公共建筑工程设计的杰作之一(图 8 - 16 ~ 8 - 22)。

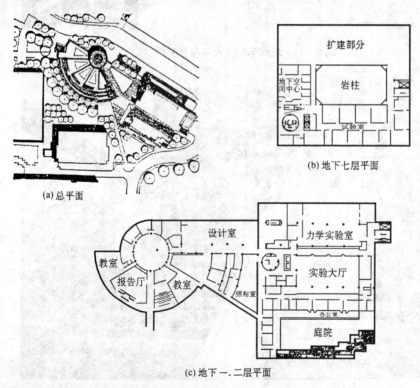

(a)总平面

(b)地下七层平面

(c)地下一、二层平面

图 8 - 16　总图与平面

图 8－17　下沉广场

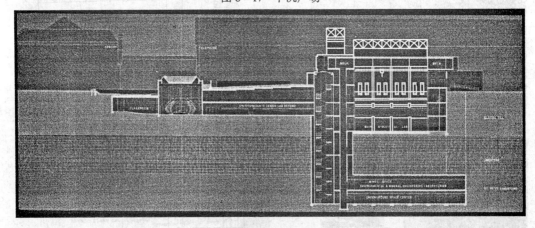

图 8－18　剖面图 A

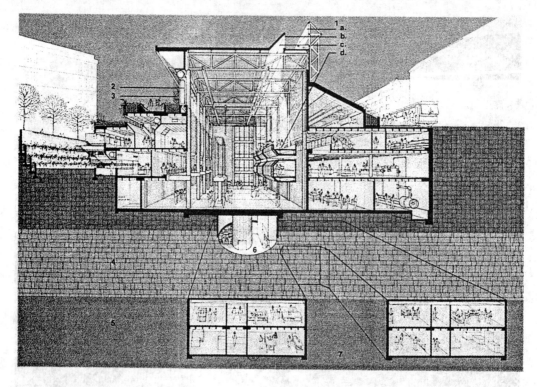

图 8 - 19　剖面图 B

图 8 - 20　三角采光自动跟踪系统

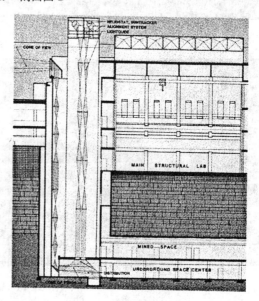

图 8 - 21　采光原理

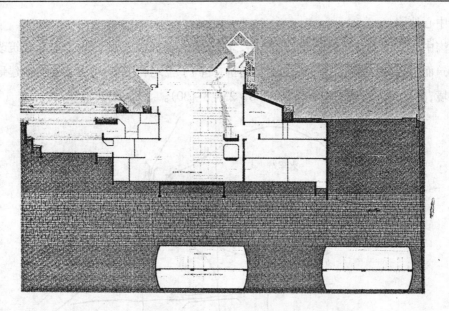

图 8－22　日光传输原理

第四节　哈尔滨商业中心地下空间建筑

哈尔滨市南岗区博物馆广场形成于 1901 年,是典型的巴洛克广场,广场中心原有东正教大教堂,于 1966 年被拆除,附近有博物馆、国际旅行社、秋林俱乐部、纪念塔等一些具有历史风格的建筑,该广场现已被认为是哈尔滨市文化、交通、商贸的中心广场。

沿博物馆广场有两条主要街道,大直街与红军街,其中,红军街西北为哈尔滨火车站。地下商贸中心西起北京街,东至吉林街;南起花园街,北至火车站;同时连接了多个大型建筑的地下室,最大的为华融饭店,地下共 5 层。该中心的地下功能为:地下街健身中心(游泳馆、保龄球等)、娱乐中心、餐饮中心、休闲中心、地下车库、地下铁道及车站(拟建)、地下交通立交及车站、下沉广场 4 处,总建筑面积约 16 万 m²,其中,单建地下空间建筑部分 13 万 m²(不含地铁),其余为高层建筑地下室部分。民益街地道桥东西引桥分别为 187 m、182 m,桥长 56 m,宽 32 m;河沟街立交桥长 24 m,宽 16 m;红军街隧道长 693 m,北引道长 95 m,跨河沟街立交引道总长 220 m,地道结构跨度为 9.6 m 双跨框架。

该地区建筑有三条立交隧道,并拟建的两条地下铁道。已建成横跨 6 条街长的地下街两层,局部有地下车库,并与附近的地下车库、地下室连接。博物馆地下阳光休闲中心为该地下空间的中心地段。

　　南岗中心区地下空间建设是结合道路、立交、隧道、河道、广场、绿地及地面建筑改造、保护历史建筑而进行的,缓解了该区域的交通拥挤,提高了土地利用率,留出多处空地建地面喷泉,绿化环境,美化了该区域的城市街景(图 8 – 23 ~ 8 – 30)。

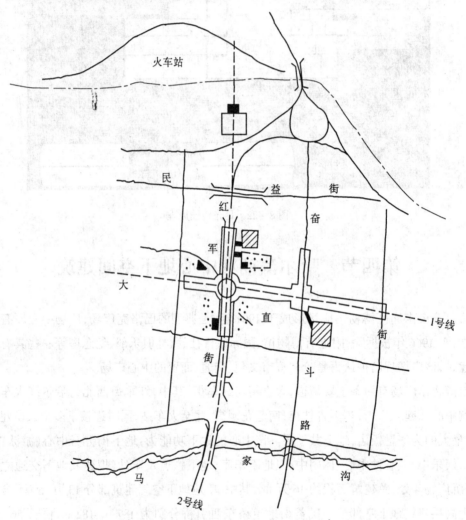

图 8 – 23　哈尔滨市南岗商业中心地下空间建筑

□ 地下街; ▨ 地下室; ⋊ 立交隧道; —— 地下铁道; – – 地面铁路; ⋮⋮ 绿化; ■ 下沉广场

(a) 地下一层阳光厅

(b) 地下步行街

图 8-24 博物馆地下街

图 8 - 25　博物馆地下街交通隧道入口

图 8 - 26　博物馆地下街下沉式出入口及地面绿化

图 8-27 地下街内交通隧道

图 8-28 地下步道通往健身娱乐中心

图 8 – 29　连接地下街的高层建筑地下室饮食中心

图 8 – 30　地下街内保龄球馆

第五节　哈尔滨闽江小区下沉广场

　　哈尔滨市闽江小区地下空间利用是一个优秀的实例,在住宅开发小区建设中,环境建设是小区建设的重点。该小区利用中心空地开发了宽约75 m,长约190 m的地下空间。建筑形式为覆土公共用房约1 700 m²,覆土地下车库约1 600 m²。中间宽65 m、长190 m的地段为缓形下沉广场,缓坡段约90 m,总面积约15 000 m²。下沉广场深为3.9 m,周边平均高出地面1.5 m。该下沉广场可由位于中心的七孔桥划分为东西两个部分,东边70 m长,周边为公共用房,门窗开向广场内;西边是地下车库,车库顶高出地面1.5 m,总深为5.4 m。公共商服用房2层,顶部全部由绿化小品所覆盖。西部车库顶盖由于高出广场地面,所以采用缓坡一直坡向广场地面,上面布置了花、草、树、儿童娱乐设施、弯曲的道路和灯饰小品。中心为流水,流向桥下的喷泉与池道。

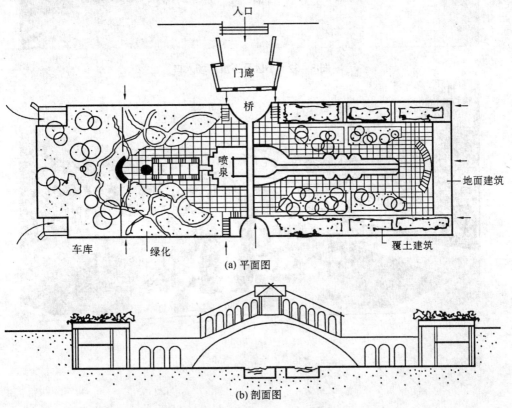

(a) 平面图

(b) 剖面图

图8-31　下沉广场平面及剖面图

图 8 - 32　小区及下沉广场入口

图 8 - 33　下沉广场内的喷泉绿化

图 8-34　地下车库覆土绿化

图 8-35　下沉广场中的坡道式环境布置

图 8 - 36　小区覆土车库入口

图 8 - 37　下沉广场内的覆土住宅

第六节　城市地下步道系统实例

随着城市的发展、扩大,繁华区交通变得更加拥挤,城市中心用地更加紧张,使步行者行动不便。为做到人车分流,加拿大多伦多市规划了从地铁系统可直接进入其他地下系统的步行道系统,即在地下专门开设地下步行道系统,该项工程 1989 年 11 月建成,总面积为 38 万 m²,总长度 7 km,连接 5 个地铁车站、1 100 家商店、30 座高层建筑地下室、20 座停车场,还有宾馆,影剧院等。地下步道系统的建成使建筑、地铁和地下街,连接成为一个整体。同时,地下步道系统也连接了北、中、南三个区域,每天利用地下步道系统通行的人达 10 万人次,形成完整的地下交通系统(图 8－38)。

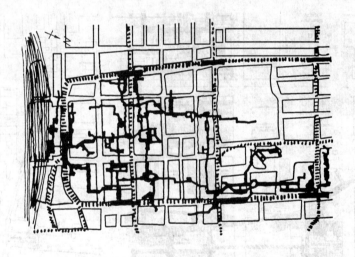

图 8－38　加拿大多伦多地下步道系统平面

地下步道系统可连接城市地面街道和建筑,如办公楼、广场、街道、车站、商场花园等,相应地也与地下街、地铁、车库、餐厅及娱乐场所等地下建筑连接。图 8－39 为加拿大蒙特尔地下步道系统连接的地上地下全部设施。地面包括大型购物中心、超级商场、宾馆和花房,地下有 1 100 个车位的停车场,交通设施把地面建筑的地下室、街道、地上与地下广场连结成一个大型的地下设施。

美国达拉斯和休斯敦都建有规模很大的地下步道系统。休斯敦地下步道系统已建步道长约 5 km,连接 350 多座大型建筑、18 个停车位的停车场、7 万多 m² 的商店等。纽约洛克菲勒中心规划了大型地下交通网络,连接 19 栋建筑,还连接了多处地下商店、餐厅、娱乐、车站、下沉广场等,显示了城市地上、地下完整的交通体系(图 8－40)。

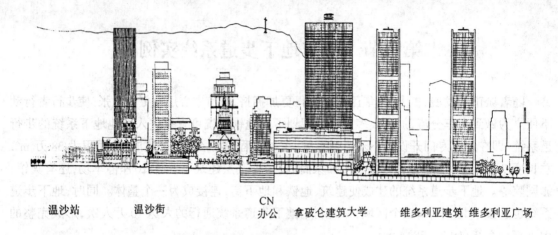

温沙站　　　　　温沙街　　　　　CN
　　　　　　　　　　　　　　　　　办公　　拿破仑建筑大学　　　维多利亚建筑 维多利亚广场

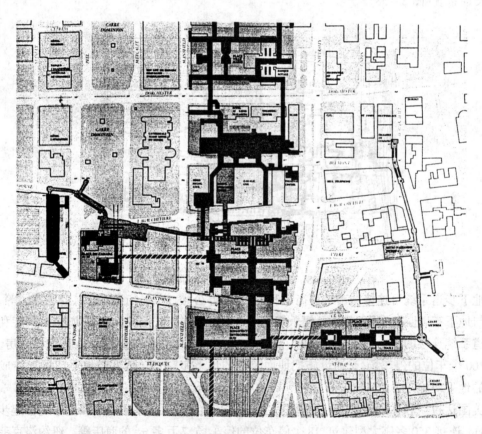

图 8－39　加拿大蒙特利尔地下空间及步道系统

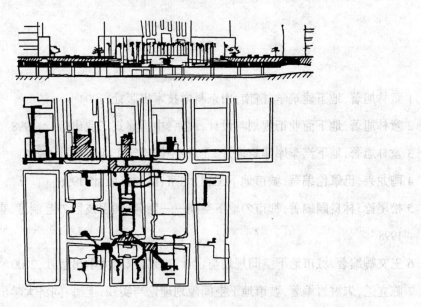

图8-40　美国纽约洛克菲勒中心地下步道系统

参 考 文 献

1 童林旭著.地下建筑学.济南:山东科学技术出版社,1994

2 童林旭著.地下商业街规划与设计.北京:中国建筑工业出版社,1998

3 童林旭著.地下汽车库建筑设计.北京:中国建筑工业出版社,1996

4 陶龙兴,巴肇伦编著.城市地下工程.北京:科学出版社,1996

5 松尾稔·林良嗣编著.都市の地下空間——開発·利用技術のと制度.東京:鹿島出版會,
    1998

6 王文卿编著.城市地下空间规划与设计.南京:东南大学出版社,2000

7 陈立道,朱雪岩编著.城市地下空间规划理论与实践.上海:同济大学出版社,1997

8 中国城市规划学会编.城市广场.北京:中国建筑工业出版社,1998

9 Alexander Tzonis Liane Lefaivre Richard Diamond. Architecture in North America Since 1960
    London: A Bwfinch Press Book, Little, Brown and Company,1995

10 David J.Bennett. Sustainable Development—Definition, Need, Potential,Design. 1993

11 耿永常,高伯阳.地下空间开发同城市建设相结合的途径研究.地下空间,1992(3)

12 高伯阳,耿永常.城市地下空间开发利用与地域的相关分析.见:中国土木工程学会.隧
    道及地下工程学会第七届年会暨北京西单地铁车站工程学术讨论会论文集,1992

13 耿永常,赵晓红.哈尔滨地下国贸商城建设项目综合评价.建筑管理现代化,1997(2)

14 耿永常,何振东.哈尔滨奋斗路地下街综合评价.中国土木工程学会隧道及地下工程学
    会地下空间专业委员会第五届全国地下空间学术交流会,1991

15 同济大学编.外国近现代建筑史.北京:中国建筑工业出版社,1994

16 陈志龙编.21世纪地下空间开发利用展望.人防科研,2001(1)

17 铁道部第三勘测设计院编.西单车站及折返线土建工程设计概况.中国土木工程学会
    隧道及地下工程学会第七届年会暨北京西单地铁车站工程学术讨论会,1992

18 刘敦桢主编.中国古代建筑史.北京:中国建筑工业出版社,1981

19 童林旭.为 21 世纪的城市发展准备足够的地下空间资源.地下空间,2000(1)

20 蒙小英.地下空间发展的时代性.地下空间,2001(1)

21 Geng Yongchang, Zhao Xiaohong, Gao Boyang. Study on the General Desingn Theory of Cities'
Underground Streets. In: Xian Univesity of Architecture and Technology. 8th International Vnder-
ground Space Conference of Acuus Xian China. Xian, 1999

22 葛世平.国内外地铁换乘枢纽站的发展趋势.地铁与轻轨,2001(1)